科普图书馆

了不起的动物世界

草原大猎杀

廖春敏　主编

上海科学普及出版社

图书在版编目（CIP）数据

草原大猎杀 / 廖春敏主编 .—上海：上海科学普及出版社，2014.9（2018.4 重印）

（了不起的动物世界）

ISBN 978-7-5427-6199-6

Ⅰ . ①草… Ⅱ . ①廖… Ⅲ . ①动物—普及读物 Ⅳ. ① Q95—49

中国版本图书馆 CIP 数据核字 (2014) 第 172601 号

策　　划　胡名正

责任编辑　刘湘雯

了不起的动物世界

草原大猎杀

廖春敏　主编

上海科学普及出版社出版发行

（上海中山北路832号　邮政编码 200070）

http://www.pspsh.com

各地新华书店经销　　三河市恒彩印务有限公司印刷

开本 889mm × 1194mm　1/16　印张 8　字数 160 000

2014 年 9 月第 1 版　2018 年 4 月第 2 次印刷

ISBN 978-7-5427-6199-6　　　　定价：23.80 元

前 言

FOREWORD

动物是自然界中的一个大类群，它们生活范围广泛，地球上所有的海洋、陆地，包括山地、沙漠、森林、草原、农田、水域以及两极在内的各种生境，都生活着形形色色的动物，它们是地球自然环境不可缺少的组成部分。这些生活在不同环境中的动物都有各自独特的外形、生活方式、生存优势，这是它们长期适应自然选择的结果。它们有的庞大，有的弱小；有的凶猛，有的和善；有的奔跑如飞，有的缓慢蠕动；有的翱翔天空，有的游弋水中……即使它们面对食物链中弱肉强食的残酷，也同样在自然界中演绎着各自独特的生命奇迹，每一个片段都是如此的精彩。

我们在千千万万种动物中，精心挑选出不同生境中具有代表性的动物，捕捉到这些精灵的每一个精彩瞬间，用生动的语言，讲述故事一般地把这些动物的基本特征、繁殖策略、奇异行为、独特本领、捕食妙招、有力武器等各种令人惊叹的非凡能力展现给每一位读者，让读者看到一个了不起的动物世界。

本丛书“了不起的动物世界”共分4册，本册《草原大猎杀》，讲述草原上各种动物的生存之道，它们或是凶狠残酷，捕食草原上一切可以捕食到的动物，以维持自己及种的生存；或是利用自己的身体优势，取食草原上一切可用来维持生存的食物；或是用聪明机智，在草原上和各种敌害斗智斗勇，获取一切有利于自己的生存空间……总之，为了生存，神奇不断演绎。通过本书，读者可以了解到动物们更多鲜为人知的“内幕”，让人惊叹，并将读者带入更深入的思索，以解答更多的疑问和谜团。

为了给读者创造更好的阅读享受，让读者更真实地体验到草原动物生存的精彩画面，参与本书编撰出版的诸位老师：廖春敏、李坡、孙鹏、王玲玲、刘佳、陈晓东、李立飞、白海波等，在文字撰写、图片使用、版面设计上都倾注其所有心思，力求做到文字充满青春张力、图片新颖贴切、设计清丽明快。在此感谢以上各位老师为本书所做的各种工作！

最后，希望本书能够成为各位读者了解动物世界的良师益友。

编 者

目 录

CONTENTS

狮子

几千年以来，凭借强壮和凶猛，狮子赢得了“兽中之王”的美誉。在古代的埃及、亚述、印度和中国，狮子的形象不断地出现在艺术作品中。

一直以来，狮子强大有力的形象诱惑着各个国家的猎人。有时，他们为了猎取一头非洲雄狮而不惜花费巨额资金。由于一些武装捕猎者能在短短的几天内射杀几十头狮子，导致这种动物的数量急剧减少。幸运的是，现在对狮子的武装捕猎已经被禁止，大多数游客也更愿意通过文明的方式，如仅仅观看和拍照，来表达他们对这种动物的喜爱和迷恋之情。

• 兽中之王

和其他猫科动物一样，狮子也有一副柔韧、强壮、胸部厚实的身体。它们有短而坚硬的头骨和下颚，这可以使它们很容易地捕食猎物。它们的舌头上长有很多坚硬的、向里弯曲的突起物，这非常有利于它们进食和梳理皮毛。它们寻觅猎物主要靠视觉和听觉。也许是因为雄狮之间要争夺配偶的缘故，和大多数猫科动物一样，成年雄狮要比成年母狮重30%~50%，外形上也更大一些。无论是什么样的原因（可能是生物进化）造成了狮子的二态性。总之，在与其他狮子一起进食的时候，雄狮总是可以凭借它们强壮的身体独占猎物，并且雄狮捕获的猎物要比母狮捕捉到的大很多。

尽管狮子在捕猎上享有“合作”的美名，但这种“合作”只是在猎物比较少的恶劣环境下或者猎物比较大又比较危险的情况下才会发生。另外，当一只狮子单独捕猎的成功概率小于10%的时候，为了使捕猎成功，

↗ 一头雄狮正咬住一匹斑马的咽喉部位，试图让其窒息而死。狮子是为数极少的有规律捕食的食肉目动物，它们通常只捕食体重超过250千克而且健康的成年猎物，而对于幼小的、太老的或者患病的猎物则不屑一顾。它们有时也杀死其他一些食肉目动物，如豹子，却很少把它们吃掉。

狮子们也会合作。在集体捕猎的时候，狮子会散开，有些包围猎物，有些则切断猎物逃跑的退路。

但是在绝大多数情况下，一群狮子中只有一只或者两只真正在捕猎，其他的狮子只是在安全的地方观望。当猎物很容易捕获的时候（单独捕猎的成功概率大于或等于20%），它们就采取这种“不合作”的方式。尽管它们都很想和同伴分享猎物，但是由于捕猎太容易成功了，同伴并不需要它们的配合，所以其他狮子只是在一边观望而已。

狮子在奔跑的时候，速度能够达到每小时58千米，但它们要捕捉的猎物的速度却能够达到80千米/小时，因此，它们需要悄悄地接近猎物，隐藏在距猎物15米的范围内，然后再突然冲出，抓住或拍击猎物的侧身。狮子捕猎的时候根本不考虑风向，甚至在逆风的时候成功率会更高一些。需要指出的是，狮子捕猎的成功率平均只有25%。它们先把大型猎物击倒，然后再咬紧猎物口鼻部或脖子，使其窒息而死。

对于捕猎，雄狮处于支配地位，母狮主要负责照料幼崽和尚未发育成熟的小狮子。在分享猎物的时候，狮子们经常发生争斗。为了保护自己应得的那一份，狮子会用牙齿紧紧咬住

一头成年雄狮正和一头年轻的母狮在一起。大多数猎物都是由母狮捕获的，然而一旦猎物被分配之后，狮子就会极力维护自己的那一份，在吃饱之前会把其他的狮子都驱赶开，使它们不能接近自己的食物。

猎物的尸体，同时用爪子击打同伴的面部，甚至在争夺食物的时候会互相咬住对方的耳朵。通常，捕猎成功的狮子由于太专注于咬住猎物不放，以至于在它进食前，其他狮子已经把它捕到的猎物的大部分给吃掉了。

在出生后的两年时间内，小雄狮会陆续长出鬃毛。通过鬃毛的生长情况，我们能看出小雄狮身体的生长发育水平。直到四五岁的时候，小雄狮的鬃毛才能长到成年雄狮的应有水平。一般来说，到9~10岁的时候，雄狮鬃毛的颜色会变得很深。

知识档案

狮子

目 食肉目

科 猫科

有5个亚种 安哥拉狮、亚洲狮、马赛狮、塞内加尔狮、德兰士瓦狮。

分布 撒哈拉以南到南非；印度古吉拉特邦的吉尔国家森林公园有零星分布。

栖息地 比较广，从东非的热带或亚热带稀树大草原到位于非洲南部的喀拉哈里沙漠。

体型 雄狮体长1.7~2.5米，母狮体长1.6~1.9米；雄狮肩高1.2米，母狮肩高1.1米；雄狮和母狮的尾长都在60~100厘米之间；雄狮体重150~240千克，母狮体重122~182千克。

皮毛 颜色从浅茶色到深茶色；腹部和四肢内侧颜色较浅；耳朵外侧呈黑色。

食性 主要捕食有蹄类哺乳动物，如瞪羚、斑马、羚羊、长颈鹿、野猪，还有大型哺乳动物的幼崽，如幼象、幼犀牛，有时也会捕食一些小的啮齿动物、野兔、小鸟、爬行动物等。

繁殖 小母狮大约需要30~38个月性发育成熟；母狮的怀孕期是100~119天，每胎产1~6只幼崽；幼狮出生两年半后会完全独立生活。

寿命 野生狮子18年，人工圈养的则能够活25年。

大型捕猎者

狮子捕食最多的猎物是那些体重50~500千克的有蹄类动物，但是我们知道，它们还吃一些啮齿类动物，如野兔、小鸟、爬行动物等。有的时候，狮子也会捕食大型哺乳动物的幼崽，如幼象、幼犀牛等。尽管在白天的时候，它们可以埋伏在水边，利用天气干旱猎物需要喝水的有利时机进行捕猎，但它们主要还是在晚上进行捕猎。母狮捕捉最多的是小到中型的猎物，如疣猪、瞪羚、跳羚、黑尾牛羚以及斑马等；雄狮则喜欢捕捉一些体型大的、跑得比较慢的猎物，如水牛、长颈鹿等。

狮子的栖息地经常和其他肉食动物的栖息地重合，如豹子、野狗、斑鬣狗等——它们也都捕食大致相同的猎物。所有5种豹属动物捕食的猎物的体重一般都不小于100千克，如疣猪、瞪羚等，但是只有狮子捕捉大于250千克的猎物，如水牛、大羚羊和长颈鹿等。体型比较大而且喜欢在夜间行动的鬣狗在捕食方面是狮子强有力的竞争者，两者都喜欢捕食羚羊和斑马，但是狮子却一贯地喜欢偷吃鬣狗的猎物，而且雄狮尤其喜欢吃腐烂之食。狮子不仅喜欢“抢劫”豹子和野狗的猎物，而且有时还会直接吃掉豹子和野狗。这一情况经常发生在狭小的领地内，如果豹子和野狗数量很少的话，狮子就会向它们发起攻击进而吃掉它们。

• 社会性的猫科动物

在所有猫科动物中，狮子是最具有社会行为的，狮群就是一个小型的社会。最典型的狮群一般有3~10头成年母狮，一些需要母狮照料的幼狮，以及2~3头成年雄狮。人们曾经观测到，有些狮群甚至能达到18头成年母狮，10头成年雄狮的规模。与狼群或猴群不同，狮群的社会秩序很混乱。每头狮子并不是和狮群中的同伴一直保持联系，相反，每头狮子都可能独自活动几天甚至几个星期，而不与其他同伴联系；或者在比较大的狮群中，有几头会组织一个更小的次级群体，它们就生活在这样的次级群体里。

狮群中的母狮通常与其雌性亲属保持密切的联系，与狮群中的雄狮则联系很少，只是在小群体或相对隔离的群体中，母狮才会和雄狮联系。雄狮们之间可能有联系，也可能没有联系。如果一头雄狮发育成熟，在没有和其他雄狮联系之前，就会在独行期间去寻找另一头独立的狮子，组成一对。然后通过一些偶遇，找到第三个同伴。按这个方式进行下去，再吸收新的成员，组成一个狮群。由于在一个地区，大部分的狮子年龄相仿，故将要组成的新群体中会有9~10个是“兄弟”或是“表亲”，只有3~4个没

↘ 作为合作捕猎团队的一部分，母狮们正在悄悄地接近猎物，试图包围并切断其退路。由于与牛羚相比，母狮在速度上并不占有优势，所以它们只能在发起最后的进攻之前尽量地接近猎物。

有血缘关系。在一个更大的群体中，年龄的差异会更大，这就更有利于接纳更多的母狮，能比小的群体养育更多的后代。

在一个狮群的持续期间，会有一些幼崽被繁育出来，但是每个狮群中的亲子关系都是复杂多样的。居于主导地位的是雄狮，它们之间的关系比较微妙。由于母狮通常会同时达到发情期，因此，在一个小团体中，雄狮之间获得与母狮交配的机会是相等的。然而，在比较大的群体中，这种平衡会被打破，许多雄狮不能获得交配的机会，它们只能寄希望于“侄子和侄女”间接地保留自己的遗传基因。

尽管血缘关系是狮群存在的基础，但是具有讽刺意味的是，没有直接血缘关系的雄狮之间的合作却是所有哺乳动物中最成功的。在一个狮群中，相互配合的两头雄狮（虽然并没有血缘关系）都能够从合作中获得直接收益，而且相互关系非常融洽。小组合作期间没有血缘关系的雄狮互相支持，其配合并不逊于“亲兄弟”之间的合作。

小母狮在长到30~38个月之后，性发育成熟。这之后，任何时候都能够交配。发情期一般持续2~4天，而且每隔2~3周就有一个发情期。母狮的怀孕期只有110天的时间左右，对于这种庞大的哺乳动物来说，这个时间应该算是非常短的了，因此新生的幼崽一般非常小，重量只有成年狮子的1%。每胎的幼崽数在1~6只之间，平均2~3只。野生母狮的最长寿命是18岁，但是需要指出的是，它们在15岁的时候就会停止生育。

如果来自同一个群体中的母狮生育幼狮的时间间隔很短，它们就会把自己的幼崽放在一起共同抚养，甚至会给对方的幼狮喂奶。当然了，母狮认得自己的幼崽，并会把大部分乳汁

一群母狮和一群幼狮正在近距离地观察一头正在休息的犀牛。

喂给自己的幼崽。幼狮出生3个月后开始吃肉食，但是仍然需要母狮再喂养3个月。幼狮的死亡率很高，特别是在严酷的年景，在长到1岁之前会有高达80%的幼狮死亡。但是在比较好的年景中，幼狮的死亡率会降到10%。幼狮长到18个月大的时候，就会表现出独立性，而这个时候母狮正在准备生育下一胎。当小狮子2岁的时候，第2胎才出生。当然，如果第1胎的幼狮全部死亡，母狮就会迅速地再次交配生育。

雄狮和母狮都会保护它们的领地。当遇到另外一群狮子侵入的时候，狮子会保持长时间的合作，它们一般通过倾听叫声来接近同性入侵者。雄狮在外围保护自己的群体，而母狮则保护领地的核心区域并与外来群体内的母狮进行战斗。雄狮通过吼叫、撒尿做标记和巡逻来维护领地，同时让母狮留在狮群的中间。从另一方面来说，母狮比雄狮更有警惕性。当陌生者出现在领地的时候，母狮会更多地作出反应，而不仅仅是巡逻。快发育成熟时，年轻的雌狮会更加愿意帮助自己的母亲来驱逐入侵的母狮；与它们相反，青春期的雄狮却对入侵的母狮漠不关心。

尽管在保卫领地方面，母狮们更善于合作，但是在捕猎或是在喂养自己的幼崽的时候，这种合作的策略就会出现变化。捕猎时，当两个不同的狮群相遇的时候，有些母狮总是在前面带头，而另一些总是跟在后面“压阵”。当一个狮群达到某个数量的时候，或是在最需要的时候，某些母狮会表现得很活跃，它们是“临时的朋友”；当一个狮群中狮子的数量大大超过其对手的时候，某些母狮是最善于合作的，它们是“全天候的朋友”。

一般来说，当两个狮群相遇时，合作与否和狮子的数量有很大的关系，狮子数目多的那个群体能够压制那个比较小的群体。如果自己群体中的母狮的数量比对手多至少2个，那么这个群体中的母狮就比较乐意合作。另一方面，对雄狮们来说，除非自己群体中的数量至少超出对方1~3个，否则它们是不会合作一起去接近入侵者的。

一旦见到某个领地的主人，入侵者通常会立刻撤出。但是拥有这块领地的狮子却会对入侵者主动发起攻击，有机会的话，还会杀死入侵者中的一头狮子。

猎豹

猎豹的奔跑速度非常快，它们的整个身体结构简直就是为了快速奔跑而特别设计的。它们有轻巧的体格、纤细的腿、窄而深的胸膛、小巧精致而且呈流线型的头部，这些“装备”能使它们的奔跑速度达到95千米/小时。因此，猎豹是陆地上奔跑速度最快的动物。

你能非常容易地区分开猎豹和其他猫科动物，这是因为它有着与众不同的特征，如灵活而修长的体格、小巧的头部、位置靠上的眼睛和小而扁平的耳朵。猎豹经常捕捉的猎物是瞪羚（特别是汤氏瞪羚）、黑斑羚、出生不久的黑尾牛羚等。一只独立生活的成年雄猎豹捕猎一次就可以吃好几天，而一只带着几只小猎豹的母猎豹则几乎每天都要捕猎一次，否则食物就会不够吃。猎豹捕食的时候，先是隐蔽地接近猎物，然后在离猎物约30米的地方突然启动，迅速奔向猎物，这种迅速出击约有一半次数以成功地捕获猎物而结束。平均起来，猎豹每次奔跑持续约20~60秒，长度约170米。猎豹每次奔跑的距离不超过500米，如果与猎物的初始距离太远的话，它就很难捕到猎物了，这也是猎豹经常捕猎失败的原因之一。

一只猎豹正在一棵树上做嗅觉标记。一般来说，据有领地的雄猎豹常常在它领地范围内的显著地点撒尿做标记，以阻止其他雄猎豹前来侵犯；没有领地、到处游荡的雄猎豹是很少做这一类标记的。雌猎豹也做气味强烈的标记，其目的是吸引雄猎豹前来交配。一旦雄猎豹发现了这种标记，就会顺着这些标记很快地找到雌猎豹。

母猎豹单独照料幼崽

在分娩之前，母猎豹要选择一处地方作为产崽的巢穴，一个突出地面的岩洞或一片生长着高草的沼泽地，都可能被选择用来作为巢穴。猎豹每胎会产下1~6只幼崽，每只的体重约

知识档案

猎豹

目 食肉目

科 猫科

有两个亚种，即非洲猎豹和亚洲猎豹。另外，曾经有人称南非的某些猎豹为“王猎豹”，并把它定为一个亚种，但现在证明这是不正确的，那些猎豹只是发生了某种基因突变，并不是一个真正的亚种。这种“王猎豹”浑身布满了小斑点，皮毛上有条纹。

分布 非洲、中东。

栖息地 稀树大草原、较干旱地区的森林。

体型 体长112~135厘米，尾长66~84厘米，体重39~65千克。雄性比雌性在各方面都大15%。

皮毛 大部分是茶色的，有黑色的小圆点，面部有两条明显的“泪痕”从眼角垂向嘴边；出生不到3个月的幼猎豹皮毛上略带黑色，而且颈部和背部有一层烟灰色的鬃毛。总体上说，每只猎豹身上的斑点都各不相同。

食性 在非洲，主要捕食中等体型的羚羊，包括汤氏瞪羚、瓦氏赤羚、黑斑羚，有的时候也捕食野兔和新生的小羚羊。

繁殖 母猎豹在24个月大的时候就能生育，一年中有多次发情期，每隔12天就有一次；雄猎豹在3岁的时候才能交配。

寿命 野生猎豹最大12岁，而人工圈养的可达17岁。

250~300克。母猎豹都是在巢穴里给幼崽喂奶，当它出外捕猎的时候就把幼崽单独留在巢穴里，而雄猎豹是不负责照料小猎豹的。幼崽在前8个星期的时间里都是和母猎豹待在一起的；从第9周开始，小猎豹开始试着吃固体食物；到它们三四个月大的时候，就会断奶，但是仍然要和母猎豹待在一起；在14~18个月大的时候，它们就会离开母猎豹。

小猎豹们在一起互相玩耍打闹，并且在一起练习捕猎的技巧，它们练习的“道具”是母猎豹捕捉回来的仍然还活着的猎物。当然，如果这个时候它们单独捕猎，仍然会显得水平非常“业余”。出于安全保障的原因，同胞小猎豹发育到“青春期”之后，仍然要在一起再待上6个月。然后，“姐妹们”都会分离，各自过上独立的生活，而“兄弟们”则有可能一生都待在一起。成年母猎豹除了喂养小猎豹的时候和小豹待在一起之外，其余时间都是单独生活，而成年雄猎豹可能单独生活，也可能两到三只组成一个小的团体共同生活。

来自狮子的威胁

从基因多样性上来说，猎豹的基因多样性水平很低，这说明现代猎豹的祖先在2万~0.6万年前可能是一个比较小的群体，这种遗传基因的单一形态可能会导致幼豹的大量死亡。因为一旦一种病毒找到了某种遗传隐性等位基因的弱点，并且攻克了一只幼豹的免疫系统，该病毒就会通过一些途径传染给其他的小猎豹，而小猎豹的基因序列差不多一样，这样就会攻破一个群体中所有小猎豹的免疫系统，从而导致小猎豹的大量死亡。一项初步研究结果表明，在北美猎豹繁育中心的保护区里，由于猎豹群比较封闭，缺乏与外面猎豹的联系，导致猎豹缺乏遗传基因的多样性，进而导致猎豹群疾病暴发，猎豹生育和捕猎出现困难。这就要求人们想出某种办法来使保护区里的猎豹走出困境。

但是，在完全野生状态下的猎豹与在保护区里的猎豹并不相同，它们的繁殖速度很快。野生母猎豹平均每18个月就生一窝幼崽；如果幼崽过早死亡的话，母猎豹就会很快地再生一窝，根本用不了18个月。在完全野生状态下生长的猎豹群很少暴发疾病，迄今为止还没有猎豹群大规模暴发疾病的报道。另外，野生的成年猎豹能够成功地克服交配和抚育幼豹的困难。因此，猎豹在保护区内出现的种种困难在野生状态下可能并不会那么严重，因此并不能证明遗传基因与生育困难有明确的关联。之所以在保护区内出现困难，大概是猎豹对新环境的适应能力不太好。由于人口扩张对猎豹栖息地产生了很大的影响，其他大型猫科动物也对猎豹的生存环境产

↗ 一群年龄稍微大一点的年轻猎豹正在围捕一头逃跑的小黑斑羚。对于成年猎豹来说，要想取得捕猎的成功，必须发挥埋伏和突然加速奔跑的双重优势。尽管猎豹是陆地上跑得最快的动物，但是猎豹的耐力却非常有限，每次追逐奔跑还不到500米就不行了，在多数情况下，它们坚持不了30秒。因此，猎豹的捕猎大概有一半会以失败告终。

生了巨大的影响和改变，而猎豹对于这些改变没有很好地适应。

对于大型的食肉目动物来说，猎豹幼崽的死亡率实在是很高。现在，人们发现这种高死亡率在很大程度上是由于其他更为大型的肉食动物控制的结果。例如，在坦桑尼亚的塞伦盖蒂平原，狮子经常跑到猎豹的窝里把小猎豹杀死，致使这一地区95%的小猎豹在没有长大独立生活之前就死了。在非洲所有的猎豹保护区里，狮子密度高的地方猎豹的密度就低，这表明在物种之间存在着某种程度的生存竞争。

从食物链上说，猎豹处在食肉目动物的中级，它的种群受到了更大型肉食动物的控制。因此，对于猎豹的保护，仅仅在生态系统中去除其他顶级肉食动物是不行的，因为这样会产生新的生态系统变化。许多专为保护猎豹的国家公园和保护区里已经没有了狮子和斑鬣狗等猎豹的天敌，但是，猎豹的数量仍然没有恢复到安全的水平，其中一个主要的原因就是人类活动的影响，所以还必须把人类的牧场和农田从保护区里撤出来。

出生8个星期之后，小猎豹们就要跟着母猎豹一起出去寻找猎物了。在这个过程中，它们以母猎豹捕到的猎物为食，跟着母猎豹学习捕猎技巧。虽然它们也会面临生命危险，但为了学习本领也只好甘愿冒险。有时，这些缺乏“纪律”的小家伙还会影响到母猎豹的捕猎活动，使它们的母亲捕捉不到猎物，这样“全家”就只能挨饿了。

胡 狼

在古代，人们经常在屠宰场和墓地四周看见胡狼。正因为胡狼的出现常常与死亡联系在一起，才促使古代埃及的巫师们创造出了一个长有胡狼头的阿努比斯神，这位阿努比斯神是埃及神话中法力无边的神灵之一，他负责审判人们灵魂的善恶，是灵魂的护送者。

事实上，胡狼出现的范围很广，只要有食物，就有可能出现胡狼。在现代，人们常常在许多非洲猎场公园里看到胡狼的踪影，它们是猎人的主要目标之一。同古代一样，胡狼现在还时常出现在人类居住区的附近。

• 快速奔跑和合作捕猎

胡狼身材修长，在犬科动物中体型中等，但在体型大小上雌雄两性的胡狼有一些差别。它们的腿很长，犬齿尖锐而且向后弯曲，非常适宜捕捉小型哺乳类、鸟类、爬行类等猎物。胡狼的牙齿进化得很完善，能够撕裂猎物粗糙坚韧的皮肤。所有种类的胡狼都是爪子僵直，不能自由伸缩，前肢的骨头融合在一起，使得它们与其他的犬科动物一样不能爬树，但是，胡狼却非常适宜奔跑。可以说，胡狼是奔跑的好手，即使在寻找食物和做领地占有标记等的时候，它们奔跑的最低速度也能达到12~16千米/小时。胡狼是夜行动物，在黎明和黄昏时候最活跃。如果某个地方人烟稀少或人对自然环境的影响比较小，胡狼也会在白天出来活动。

那些在白天活动的胡狼很可能与早期的犬科动物有比较大的相似之处，远古时期的犬科动物都是在白天活动的。3种胡狼尽管外表看起来很像，但是在遗传基因上却不尽相同。线粒体DNA研究分析表明，3种胡狼有一个共同的祖先，大约在600万前开始分化，最终形成了现代的3种。化石上的证据显示，侧纹胡狼（也叫条纹豺）和黑背胡狼（也叫黑背豺）在非洲进化成型，亚洲胡狼（也叫金豺）很可能在欧洲或亚洲进化成型。通常认为，亚洲胡狼栖息在相对干旱贫瘠的山地和干旱的大草原，但是在亚洲的某些森林地区也有胡狼；侧纹胡狼更喜欢栖息在雾气弥漫和有河流的森林地带；黑背胡狼则喜欢栖息在干旱的大草原和金合欢树林里。

知识档案

胡狼
目 食肉目
科 犬科
有3种胡狼。

分布 非洲、中东地区、东南欧和南亚。

栖息地 从干旱的大草原到雾气弥漫的林地或干旱低矮的林地。

食性 杂食性，吃小到中型的哺乳动物、鸟类、爬行类、腐肉、水果、昆虫等。

繁殖 一般成对生活，怀孕期约63天，每窝产3~4只幼崽；小胡狼出生后约11个月发育成熟，有的时候会留在父母身边一两年做帮手。

寿命 野外胡狼一般可以活4~8岁，人工圈养的可以活到16岁。

亚洲胡狼

分布在从东非、北非到中东地区、东南欧再到南亚的广大地区；体长83~132厘米，肩高40厘米，体重7~15千克；体色由黄色到银灰色，随着地理位置的不同和季节的更替，它们的毛色会变换。

侧纹胡狼

主要分布在中非，后来扩展到东非和西非的某些地区；体长96~120厘米，肩高41厘米，体重6.5~14千克；体色主要是黄色和灰色，背部颜色较深，腹部两侧有明显的水平白色条纹，尾尖为白色。

黑背胡狼

有两个相互分隔的种群，一个在东非，另一个在南非，中部非洲没有分布；体长96~110厘米，肩高38厘米，在东非的种群体重为7~13.5千克，在南非的种群体重为6.8~9.5千克；背部、颈部为大理石黑色与白色相间，尾巴为黑色，腹部两侧、头部和四肢为红褐色。

在非洲的很多国家公园里，人们经常可以看到这样的场景：在狮子和鬣狗吃剩丢弃的羚羊尸体边，围绕着一群胡狼，它们在争抢别“人”刚刚丢弃的食物。虽然人们经常看到胡狼吃腐肉，但腐肉在胡狼的食物中实际上只占很小的比例。在很多地区，腐肉在胡狼食物里只占6%~10%。其实胡狼是捕猎的好手，从小型鸟类、小型哺乳动物到体型稍大一些的野兔、刚出生的小羚羊等，都是它们捕食的对象，它们偶尔也会吃昆虫和水果，并且在不同的季节里主要的食物也有很大的不同。

胡狼能灵巧地捕捉一些脊椎动物，同时也是捕捉啮齿动物的“专家”。它们的听觉极为灵敏，能够听出藏在高草丛中的猎物的精确地点，然后用前腿突然跳起来扑向猎物，最后将猎物咬死。人们曾经观测到侧纹胡狼从灌木丛中或其他地面突然跃起，扑向蝗虫、甲虫、蚱蜢等昆虫，然后迅速地咬住它们。如果某个地区猎物的体型比较大，如稍大一些的野兔或出生不久的小羚羊等哺乳动物，胡狼就会与配偶合作来共同捕猎。配偶中的一方负责追赶，另一方则负责包抄，以切断猎物的退路。当捕捉小瞪羚或跳兔的时候，胡狼合作捕猎成功的概率是单独行动时候的2~3倍。

• 保卫“家园”

雌雄一对胡狼结为“夫妻”组成的“家庭”是整个胡狼社会群体的基本单位。一对胡狼“夫妻”通常会共同保卫自己的领地，阻止另一对胡狼“夫妻”进入。它们一般会在显眼的地方设置一些标记，表示这块领地已经为它们所有。标记通常是留下的尿迹或者粪便。如果在领地上发现了不相关的其他胡狼，领地主人就会拼命地将其赶走，在繁殖季节，胡狼尤其会赶走入侵者。有的时候，如果领地内的食物非常丰富，足以养活更多的成员，这对胡狼“夫妻”就不会马上赶走已经发育成熟而应该离开父母的年轻胡狼。这些已经长大的孩子会继续留在这个领地里1~2年时间，帮着父母照看刚刚出生的“弟弟妹妹”们，给它们喂食，保卫它们的安全。但是，1~2年过后，它们仍然要离开这个“地盘”，出去寻找它们自己的配偶，建立属于自己的领地。

在非洲，胡狼通常在地下的巢穴或废弃不用的白蚁巢中产崽。产崽的时间在不同的地区有所不同，但是通常都与食物最丰盛的时间重合，也就是在每年的雨季或雨季刚过不久的时节。喂养幼崽的时候，成年胡狼把食物先嚼碎吞下去，然后跑到窝里，“反刍”出来喂给幼崽。这种方法可以减少食物在传递过程中的损失。幼崽在出生14个星期后开始独立活动，9~10个月之后体型就能达到成年胡狼的水平，但是身上皮毛的一些特征到2

↙ 这是3种胡狼。标号为“1”的是一只侧纹胡狼，它正在玩弄一只已经死了的耗子；标号为“2”的是一只侧身躺着的亚洲胡狼；标号为“3”的是两只年轻黑背胡狼，它们在玩一种“拖尾巴游戏”——一只胡狼咬住另一只的尾巴，而被咬住尾巴的那一只弓着背、贴着耳朵，显出一副非常不快的样子。

岁的时候才能成型。

胡狼常常大声嗥叫。亚洲胡狼和黑背胡狼的叫声非常相似，都是高亢、颤抖的长嗥；侧纹胡狼与此不同，它们是一种低沉而沙哑的叫声。人们常常在刚入夜的时候听到胡狼的齐声嗥叫，这是一个胡狼家庭在确认相互的位置或告诉邻近的家庭它们的存在。

是邻居但不是威胁

胡狼组成的群体规模比较小，正因为这样使得它们比较幸运，能在靠近人类居住区的地方生存，并得以繁荣起来。由于食物范围很广，胡狼的分布区也很广泛。在南亚地区，有的时候胡狼会袭击人类喂养的未长成的小绵羊和小山羊，从而招致牧民的激烈报复；在其他地区，人们为了获取胡狼的皮毛也常常杀死胡狼。但是胡狼的总体数量仍然不少。

胡狼的社会行为就是组成紧密的小“家庭”，保卫自己的领地，攻击侵入领地的动物。但是这种关系紧密的小团体有一个致命的缺陷，就是易于扩散狂犬病毒。一旦一个“家庭”成员感染了狂犬病，就会带到唾液中，如果一只胡狼咬伤了另一只胡狼，狂犬病毒就会进入被咬伤的胡狼身体中。在胡狼之间传播的狂犬病通常每隔1~8年就暴发一次，每次最长能持续大约9年的时间。在狂犬病流行期间，会有大量的胡狼被感染进而死亡。在南部非洲的中心地带，人们检测的胡狼中有大约1/4的个体携带着狂犬病毒。

↗ 这是栖息在以色列的亚洲胡狼的小崽。亚洲胡狼每窝产崽1~8只，平均2~4只。小崽在出生10天后才能睁开眼睛，在开始的3个月内它们吃父母“反刍”出来的食物，有时其他近亲也会喂给它们这种食物。

非洲野狗

在一片干燥的树林里，微风吹着树叶沙沙作响，只见一群非洲野狗不知疲倦地穿梭在它们巨大的领地中。突然，一只野狗停了下来，用鼻子使劲地嗅着某个可疑的东西，可能这个东西在燥热的空气中散发出来的气味吸引了它，整个野狗群也都跟着停了下来。这是我们在非洲经常见到的一幕情景。的确，非洲野狗的行为特征常常被人们简洁地概括为两个：一是具有超强的社会性，二是具有迁徙不定的流动性。

非洲野狗的一个显著特征就是它们不同寻常的社会体系，它们的社会与其他大多数群居的哺乳动物非常不一样。在一个群体里，所有的雄性野狗之间都互相保持着密切的联系，所有的雌性野狗也互相保持着密切的联系，但是雌性与雄性之间并不怎么联系。所有的雌性野狗在长到两岁半之后都要离开它们出生时候的群体，迁到另外一个群体里，而约有半数的雄性野狗并不迁出，仍然待在它们出生的群体里。

与群体形影不离

非洲野狗是非洲犬科动物的代表，它在食肉类动物中也是比较特殊的。野狗的口鼻部很短但强而有力，牙齿特别锋利，最后一对臼齿发育不完善。与其他犬科动物不同的是，它们前蹄上的第5个趾（后侧的悬趾）已经完全消失。非洲野狗的耳朵比较有特色，又大又圆，不但能够起到降温的作用，而且特别灵敏，能听到很远的声音，有利于它们互相之间保持联系。野狗群开始捕猎后不久，一些成员可能会离其他的成员比较远，这个时候野狗群就会发出轻柔而有特色的“呼呼”声，召唤离群较远的成员过来。野狗在2千米以外的地方都能分辨出这种声音来。野狗群在分散追踪猎物、相隔比较远之后，就会发出这种声音以重新集合在一起。

尽管非洲野狗捕猎主要依靠的是视觉，但它们却常常在光线比较弱的黎明或黄昏的时候进行捕猎活动，以充分利用凉爽的天气条件（因为白天的非洲非常炎热，不适宜活动）。当夜晚月光比较明亮的时候，它们也会出去捕猎。非洲野狗群有时可能在一天内集合出去捕猎两次，但是平均来说，如果能捕猎成功的话，它们每3天才会捕猎两次。

野狗的捕食种类非常广，有野兔、水牛的幼崽、斑马等，而它们最愿意捕捉的猎物是中等体型的羚羊。在南非，黑斑羚占到了野狗食物总量的85%。某些非洲野狗群特别愿意捕食某个种类的猎物，而其他野狗群却未必愿意捕食这种猎物。例如，在塞伦盖蒂，人们知道有两群野狗特别愿意捕食斑马；又比如在博茨瓦纳北部，疣猪和鸵鸟比较少见，但是有少数几个野狗群捕食这两种动物的技术却非常高超，可见这几群野狗特别愿意捕食疣猪和鸵鸟。

在炎热的白天，非洲野狗会在某个比较凉爽的地方休整。一旦要开始捕猎，它们就会结束昏睡状态，集合在一起。一开始它们会互相打招呼问候，举行一个行礼似的仪式，最后以互相舔对方的脸部来结束仪式。然后年轻的野狗会大声地发出呼啸声，这会使整个捕猎群体兴奋起来，可能是通过这种方式来为自己的“团队”壮声势吧。之后，通常由1~2只年龄比较大的野狗来选定捕猎的方向，然后，野狗群就会朝着这个方向行进。其他的野狗跟在那一两只为首的野狗后面，排成一个松散的阵势前进。几分钟之后，它们开始稳健而不费力地一路小跑，在比较凉爽的天气中，它们可以保持这种步态好几个小时。

在一个非洲野狗群里，各个成员在大部分时间里都很友善，相互之间的关系也很密切，它们常常举行一种叫做“中午问候礼”的仪式。这个时候，每个成员都兴奋地跑来跑去，发出吱吱的叫声，用口鼻部使劲贴在对方的脸上相互问候、亲热。左下角就是一只年轻的野狗在向年长者发出问候。在其他时间里，成年雄性野狗也会和群内年轻的野狗友善地打闹和玩耍。

一般来说，野狗捕猎并不会事先制定目标，而是碰见什么猎物就捕什么猎物。但是有的时候它们在追捕之前会选定一个潜在的目标，然后偷偷地接近这个目标。它们会把耳朵放平，眼睛死死地盯住那个目标。在这种情况下，如果那个目标猎物突然跑开，为了不使猎物逃脱，野狗们就会追击。在通常情况下，野狗群会选定好几个目标，比如好几头黑斑羚，并分别追击不同的目标，这样就能同时捕获1头以上的猎物。对于非洲野狗来说，组成群体来共同捕猎有很多益处，不仅仅是为了提高捕猎的效率。

野狗的捕食方法主要是一直追着猎物跑，最后等到猎物没有力气再跑的时候，一只野狗就会在适当的时候从侧面冲上去，把猎物扑倒在地上。人们曾经在开阔地带测量出了野狗奔跑的速度，竟然高达60千米/小时。在灌木林地带，一只野狗常常能够单独杀死一只猎物，然后轻易地回到群中。更多的情况是，群体中其他的野狗会加入到它的捕猎过程中，一直跟着追逐猎物。有的时候甚至整群的野狗都会在后头追逐这只猎物，在这种情况下，一只中等体型的羚羊会被撕成碎片，在场的每只野狗都会分到一份。它们在分吃猎物的时候，表现得好像发狂一样，激起一阵阵的尘土。这就给人一种假象，好像它们并不是合作者，而是竞争者，好像有的分到的多，有的吃不到似的。事实上，它们的分配大体上还是比较公平的。

知识档案

非洲野狗

目 食肉目

科 犬科

非洲野狗属，非洲野狗是这个属的唯一一种。

分布 非洲，从撒哈拉沙漠向南一直到南非。

栖息地 半沙漠地带，高山区，非洲稀树草原，林地，等等，但林地可能是其最喜欢的。

体型 体长75~120厘米，尾长30~44厘米，肩高75厘米，体重20~32千克。上述几项指标在雌雄之间没有区别，但是南非地区野狗的体型要比东非地区野狗的体型大。

皮毛 体毛为深色但较短，每个个体身上不规则的白斑与黄斑都不同，口鼻部的颜色为深色，尾尖处为白色。

繁殖 怀孕期为70~73天。

寿命 圈养可达12年，野生一般不超过7年。

共同照料幼崽的食肉动物

不管是捕猎、休息，还是出行和生育后代，非洲野狗都是在群体中进行的。一个野狗群平均有七八只成年野狗，但是可能包含2~30只未成年和刚出生的野狗。有的时候也会有超过50个成员的群体，但是通常维持不了几个月。三四窝小野狗出生后渐渐地长大，在这之后，一个野狗群可能会有超过30个成员，这个时候，这个群体就会发生分裂。分裂通常发生在一

一群非洲野狗正在行进中。这个群体里既有成年野狗，也有年幼者，它们要在这片沼泽地的水里玩耍并休整一会儿。在这里，它们几乎不会受到鳄鱼的攻击。非洲野狗群的行进距离非常远，一个典型的群体需要约750平方千米的领地。

年的年中，要么分成两个群体，每个群体里雌雄两性都有；要么是几个同性的成员集体离开，但是后一种分裂方式更为普遍。

当离开的一群母野狗加入到一群陌生的雄野狗的小团体时，一个“正规”的非洲野狗群就组成了。在这样一个新组成的群体中，平均有2只雌性野狗，这两位来自于一个共同的群体并且常常是同一胎中的“姐妹”。平均有3~4只雄性野狗，也是来自一个群体的“兄弟”。这个新群体成立不久，就要产生一雌一雄两只为首的野狗来领导这个新群体。偶尔这个新群体的雌性成员和雄性成员没有很好地融合，群体功能发挥不出来，雌雄之间就会重新分裂，各自走开。不过，在更多的情况下，它们总是能很好地融合，并且让这个群体兴旺起来，然后占据一块属于它们自己的领地。

非洲野狗的交配有特定的季节，而生殖繁育权力通常垄断在居于主导地位的一对野狗“手上”。一些居于次要地位的成年野狗可能终生都不可能生育自己的孩子，不过它们每年都可以帮助照料“首领”的孩子。事实上，它们在血缘上通常是幼崽的亲“叔叔”或“阿姨”，在进化过程中，通过成活下来的幼崽而使得自己的遗传基因间接地传下去，所以它们照料幼崽也能获得自己的利益。野狗常常要找一个合适的洞穴来作为“生儿育女”的场所，某个土豚挖的洞穴或豪猪挖的洞穴常常被选中作为“产房”。一般一个新群体在组成70天后，幼崽就出生了。非洲野狗是犬科动物中最高产的一种动物了，每胎平均会生育10只幼崽。

幼犬出生四五个星期后，就开始吃“长辈”给它们“反刍”出来的肉食，在10个星期左右时就可以完全断奶。在出生后14~16周的时候，它们就会跟着成年野狗出去捕猎，但是需要成年野狗特别的照料。一旦迷路，它们往往会被成年野狗及时地找回。当成年野狗捕到猎物后，年幼者也会及时地被引到猎物面前，分到其中的一份。这个时候，成年野狗总是让它们先吃，等它们吃饱后成年野狗才接着分吃剩下的那些食物。

尽管从生理上说，幼犬长到13~14个月大的时候，性发育就会成熟，但是它们很少在两岁之前生育后代。成熟后一年内，它们仍然会留在出生的群体里，并且帮助照料新出生的“弟弟妹妹”。在出生后的第二年

非洲野狗的捕猎传统

当一群非洲野狗逐渐接近的时候，一头雄性斑马小跑着离开了它所在的斑马群，同母斑马和小斑马分开了。那头雄斑马低着头，牙齿外露，鼻孔发出声音，在野狗群的追击下掉头逃跑。

这是当非洲野狗群与斑马群相遇的时候经常发生的一个情景。数量上相对少一些的野狗要对斑马群发动攻击前，必须首先选定一个目标，并惊吓这个目标使之跑动起来。这样，野狗们就会并排着紧紧地跟随这个目标，然后由一只野狗上前紧紧地咬住猎物的尾巴，另一只野狗咬住斑马的上嘴唇，其余的野狗则会咬向斑马的腹部。

在坦桑尼亚的塞伦盖蒂平原，人们最近研究了10个非洲野狗群，其中有2个野狗群常常捕食的猎物竟然是体重为其8倍的成年斑马。这2个常常捕食斑马的野狗群比较大，有8个以上的成年成员。但并不是说成员多的野狗群就一定会捕食比较大型的斑马，有另外的3个野狗群大小与这两个野狗群差不多，但它们却似乎对斑马视而不见。可见，群体的大小、成员数量的多少并不是捕食斑马与否的关键因素。

为什么并不是所有的野狗群都捕食斑马呢？一种可能的原因就是，这2个常常捕食斑马的野狗群捕食斑马至少有10年的经验了，有超过3代的野狗参与。对这2个群体来说，捕食斑马成了一个传统，每一代的野狗都会向它们的上一代学习捕食斑马的技巧；其他群体之所以没有捕食斑马，可能就是因为没有这样一个传统和经验。同样的情况发生在捕食羚羊方面：一些群体常常捕食葛氏瞪羚，却对汤氏瞪羚视若无睹；另外的群体则刚好与这个群体相反。

这种群体之间不同的行为不仅仅发生在捕食这一件事情上，而且还会发生在水源地的选择、领地边界线的选择上等等，可能都是因为有的群体有某种传统，而有的却没有。

里，雌性野狗会离开，而雄性则很有可能会再待一年才离开。当雄性野狗离开它们出生的群体时，往往会集合起大帮的“兄弟”一起离开，平均为3个，但人们曾经见过多达8个“兄弟”一块儿离开的情况。一般来说，雄性野狗离开它们出生的群体后，往外走的距离平均是雌性野狗的2倍远。

如果一个地方的猎物很丰盛，在这个地方一个野狗群只占有400平方千米的领地就够了；如果一个地方的栖息地很不理想，则一个野狗群要占有2000平方千米的领地才能维持生存，而且这种情况并不少见。

• 为了生存不停地奔跑

现在全部的非洲野狗估计不足5 500只，它们常常受到人类的伤害，甚至会被开过的汽车轧死。野狗极易受到流行病的困扰，尤其是狂犬病一来，它们就会大量死亡。由于人口的不断扩张，其栖息地正在不断缩小。另外，狮子也是它们的一个巨大威胁，因为狮子常常会捕食非洲野狗。

↗ 一群非洲野狗正围着一只黑斑羚，一起撕咬它的肉。

由于鬣狗的偷盗，非洲野狗常常会损失一部分食物。在正常情况下，它们平均每天只要捕猎3.5小时就行了，但如果因为鬣狗的原因损失25%的食物的话，那它们就必须捕猎12个小时才行。这种过度的捕猎活动会进一步加快它们的新陈代谢，甚至达到基础代谢的12倍，这几乎是生理机能不可承受的水平，会对它们的身体产生非常有害的影响。非洲野狗需要大块的地盘来捕猎以维持生存，但是在它们的地盘上，常常会与一些没有地盘的家畜不期而遇，也就是说，这个地方已经有人类的活动，这也意味着非洲野狗快要遭殃了。

现在在非洲东部和南部，有分隔开的几个大的种群，总数还比较多；同时在撒哈拉沙漠周围，还有几个小的种群。要想使非洲野狗继续生存下去，就必须对它们实行直接的保护，杜绝人类对它们直接的迫害。在非洲野狗栖息的几个国家里，要想使它们生存并兴旺起来，就必须考虑到野狗的特殊需求，对它们的栖息地进行综合管理。

鬣狗

鬣狗多生长在热带和亚热带地区，它们从来就没有受到过人们的好评，人们常常把它们描述成为丑陋的、懦弱的和用心险恶的动物，但实际上它们很聪明，是群居性的并且社会体系高度发达的动物之一。尽管现在生存于地球上的只有 4 种鬣狗科动物，但是它们所处的生态系统和它们的社会行为各不相同，表现出很复杂的多样性。

● 特殊的身体结构

3种真正的鬣狗——斑鬣狗、褐鬣狗和缟鬣狗从外表上看起来与犬类很相似，有硕大的头部和强而有力的前身。这3种鬣狗的牙齿和下颚也非常有力，可以咬碎除了斑马和捻角羚身上最大块骨头外的其他所有骨头，从而吸取骨髓里丰富的营养。它们胃里的盐酸浓度非常高，因此比其他哺乳动物的消化能力要强，可以更好地吸收骨头里的营养。

与强而有力的前身相反，鬣狗的后身显得比较柔弱，好像发育不全似的，这也使得它们总体上看起来向前倾。褐鬣狗、缟鬣狗和土狼的体毛非常长，遇到敌人的时候可以直立起来，这样就使它们的体型显得非常大，可以吓唬住敌人。斑鬣狗的体毛比较短，但是它们本身就很高大有力，因此并不需要长毛的帮助。

雌性斑鬣狗的外生殖器比较奇怪，从外表上看起来几乎与雄性的外生殖器没有差别，因此许多神话故事把斑鬣狗描述成一种雌雄同体的动物。事实上，只是因为雌性斑鬣狗的阴蒂很大，与雄性的阴茎很像，而且外阴唇融合在一起，看起来像雄性的睾丸。雌性斑鬣狗生育幼崽的产道是外表像阴茎的那个阴蒂，这在哺乳动物中是很奇怪的。当两只相互认识的斑鬣狗相遇的时候，它们常常要举行一种仪式来互相打招呼，而生殖器官就在这种仪式中扮演很重要的角色。这个时候，斑鬣狗的头部和尾巴都会伸直，然后抬起内侧的后腿，互相嗅和舔对方立起来的阴茎或像阴茎的阴蒂。这种仪式在斑鬣狗社会中有很重要的作用，它可以巩固社会联系和稳定社会等级次序。其他几种鬣狗的生殖器官很正常，当它们相遇打招呼的时候，往往互相嗅肛门部位，这与斑鬣狗是不同的。

●群体中的活跃生活

概括起来说，鬣狗与周围的生态环境有很大的关系，两者互相影响。由于所处的捕食环境不同，褐鬣狗往往是独自出去觅食，而斑鬣狗则常常成群结队地出去觅食。对褐鬣狗来说，它们主要吃的腐肉很容易通过鼻子嗅到，因此觅食的时候不需要合

知识档案

鬣狗

目 食肉目

科 鬣狗科

分布 除撒哈拉沙漠和刚果盆地以外的非洲，中东到阿拉伯地区、印度、尼泊尔南部。

该科共有4属4种。

缟鬣狗

有5个亚种：巴巴里亚种，分布于非洲西北部；东北非亚种，分布于非洲东北部；叙利亚亚种，分布于叙利亚、小亚细亚和高加索地区；指名亚种，分布于印度；苏丹亚种，分布于阿拉伯地区。**体型：**头尾长1.2~1.45米，肩高66~75厘米，体重26~41千克。**皮毛：**体毛比较长，白灰色到浅褐色；躯干上有5~9条纵向条纹；喉部有黑色斑块。**食性：**主要吃哺乳动物的腐肉，有时也吃无脊椎动物、鸟卵、爬行动物的卵、野果和人丢弃的有机废物。**繁殖：**一年当中任何时候都能交配，怀孕期为90天，每胎产崽1~4只，通常为3只；幼崽出生10~12个月后断奶，雌性幼崽2~3岁时性发育成熟。

褐鬣狗

广布于南非，尤其是南非西部地区，安哥拉南部也有分布；主要栖息于干旱地带。**体型：**头尾长1.26~1.61米，肩高72~88厘米，体重28~49千克。**皮毛：**毛发粗浓杂乱，为深棕色到黑色，脖颈及肩部为白色。四肢：上有横向的白色条纹。**食性：**与缟鬣狗相似，每天要消耗食物约2.8千克。**繁殖：**一年当中任何时候都能交配，怀孕期为90天，每胎产崽1~5只；幼崽出生12个月后断奶，18个月后才能离开出生的巢穴；雌性幼崽2~3岁的时候性发育成熟。

斑鬣狗

除撒哈拉沙漠、刚果热带雨林和非洲最南端外的非洲大陆其他地区都有分布；栖息于从沙漠到热带雨林边缘的各类地形中，尤其是非洲热带亚热带稀树大草原上密度最高。**体型：**头尾长1.3~1.85米，肩高70~95厘米，雄性体重45~62千克，雌性体重55~82.5千克。**皮毛：**体毛比较短，为沙黄色、淡赤黄色或暗灰色及棕色，背部、腹部两侧、臀部、四肢有暗色斑点。**食性：**主要吃腐肉和大中型有蹄类哺乳动物；每天消耗肉类3~6千克。**繁殖：**任何时候都能交配，怀孕期约为90天，每胎产崽1~2只；幼崽出生12~16个月后断奶，雌性幼崽2~3岁时性发育成熟。

土狼

有2个亚种：指名亚种，分布于南非；北方亚种，分布于东非。2个亚种主要栖息在年平均降水量为100~600毫米的草原开阔地带。**体型：**头尾长0.85~1.05米，肩高0.45~0.5米，体重8~10千克。**皮毛：**体毛比较长，为浅黄白色到红褐色，喉部和腹部下侧为苍白色；躯干上有3~5条纵向黑色条纹，前半身和后半身有1~2条斜纹，四肢上有不规则的横向条纹。**食性：**主要食白蚁。**繁殖：**交配期与前3种不同，是有季节性的，怀孕期为90天，每胎产崽1~4只；幼崽出生约4个月后断奶，然后离开巢穴。

图中表现的是鬣狗科中两种鬣狗不同的捕食方式：标号为“1”的是两只年轻的褐鬣狗正在玩耍，附近一只成年褐鬣狗则刚捕获了一只大耳狐；标号为“2”的是一群斑鬣狗，它们正在合作捕猎一头斑马。

作。更为重要的是，大多数的腐肉只够一只褐鬣狗吃一顿，如果觅食的时候成群结队的话，会引起矛盾和冲突。而人们了解很少的缟鬣狗，据说其生活方式与褐鬣狗差不多。

在非洲恩戈罗恩戈罗火山口地区的斑鬣狗常常组成一个大群体，这对于放倒一头大斑马是必要的；但是在南部非洲喀拉哈里沙漠南缘，单个的斑鬣狗放倒一头大羚羊幼崽的成功概率与几只斑鬣狗合作的成功概率几乎相同，而大羚羊的幼崽是这个地区斑鬣狗的主要食物，因此在这里它们很少成群结队地捕食。可见斑鬣狗成群结队捕食的一个更重要的原因是，它们的猎物体型往往很大，足够一群斑鬣狗吃上一顿。

如果仔细考察这些斑鬣狗群的构成情况，可以发现，在一个群体内，成员之间都有很近的血缘关系。实际上，群体成员亲缘关系的选择有一个过程，也就是说，组成群体的时候，会更多地选择与自己亲缘关系更近的个体而非关系比较远或没有血缘关系的个体。这样选择群体成员的一个好处就是，当大家通过努力成功地捕获一只猎物并分享美味的时候，因为大家都是“亲戚”，感觉总比分给“非亲非故”者要好。

群体是鬣狗社会的基本组织，缟鬣狗、褐鬣狗和斑鬣狗都生活在群体里。群体的成员共享一块领地，共同保卫领地以防止邻居的侵入。斑鬣狗的群体是靠严格的等级次序维持的，等级次序由雌性主导，即使是等级次序最高的雄性其地位也低于等级最低的雌性。一般来说，雄性幼崽将要成年的时候会离开它们出生的群体，加入到一个新的群体中，并在新群体中不断提升自己的等级地位，当升到雄性的较高的地位时就可以获得和雌性交配的机会。雌性幼崽通常会一直待在出生的群体内，接替自己母亲的等级地位。褐鬣狗看起来没有“性别歧视”，将要成年的雌性和雄性都有一部分离开出生的群体，剩下的一部分则待在出生的群体内，时间可能很长，甚至一生都待在出生的群体里。离开出生地的雄性可能成为“流浪者”或者加入一个新的群体，但是流浪的雄性和加入新群体的雄性都有机会与雌性交配。

一只斑鬣狗即使独自行动的时候，也会和群体中的其他成员保持某种直接的联系，如靠某种叫声保持联系，而这些声音人类只有在扩音器和耳机的帮助下才能听到。人类离开那些扩音设备的帮助，能听到的斑鬣狗叫声只有高叫声、吼声以及一种连续不止的“咯咯声”，因此，人们又把斑鬣狗称做“笑鬣狗”。

高叫声是一种很好的长距离联系方式，这种声音可以传递好几千米远。每一次高声叫都要重复好几遍，以便让倾听者准确地确定其位置，而每一只斑鬣狗都有各不相同的声音。在南非德兰士瓦地区蒂姆巴维奇野生动物保护区内生活的斑鬣狗，如果人们播放其同伴的叫喊声录音，它们也会作出反应，常常会接近录音机放置的地方，或是对录音进行“唱和”，作出回答。但如果录音机中播放的是

↘这是在博茨瓦纳乔贝国家公园内的一群斑鬣狗，它们正聚集在一头大象的尸体旁边。虽然群体一块儿“吃饭”时常常显得吵闹杂乱，但是一般很少发生严重的冲突。斑鬣狗吞食食物的速度非常快，如果有足够多的食物的话，一只斑鬣狗一次可以吃掉15千克重的肉食。

陌生斑鬣狗的叫声，当地的斑鬣狗就会快速地成群结队地跑来，表现出很兴奋紧张的样子，鬃毛竖起，尾巴翘起很高，突出肛门附近的腺体，表示要准备战斗以保护领地。斑鬣狗的幼崽也会对事先录好的其母亲的高叫声作出反应，但是不会对群体中其他成员的录音声作出反应。

3种鬣狗中，每个群体中包含的成员个数是不相同的，一般来说，斑鬣狗的群体最大，但在不同的地区，其群体中成员个数也不同。在喀拉哈里沙漠的南缘，一个斑鬣狗群有5个以上成员，在恩戈罗恩戈罗火山口地区，一个斑鬣狗群则可能有多达80个成员。一个褐鬣狗群可能只有1只雌性褐鬣狗和它最近生育的几只幼崽，也可能多达15个成员。在各种鬣狗中，不但群体成员个数不同，群体的领地大小也很不相同。在恩戈罗恩戈罗火山口地区，拥有80个成员的斑鬣狗群的领地可能只有40平方千米；在喀拉哈里沙漠的南缘，只有5个成员的斑鬣狗群的领地却可能大至1 000平方千米。领地的大小主要与其中的食物丰富程度有关，食物丰富的地区，鬣狗群的领地就小，食物较贫乏的地区，鬣狗群的领地就大。在恩戈罗恩戈罗火山口地区，生存着大量的黑尾牛羚和斑马，可以在小片地区内为大量的斑鬣狗提供足够的食物；在喀拉哈里沙漠南缘地区，一群斑鬣狗可能长途奔袭50千米甚至更远，才能杀死一只猎物。

所有的鬣狗都把幼崽放在巢穴内。巢穴通常是由一系列的地下洞穴构成的，一般很小，只有幼崽才能进去，这样，当成年鬣狗长时间出去捕猎时，幼崽待在这样的洞穴里就很安全。幼崽在洞穴里待的时间可能长达18个月。在斑鬣狗的群体内，所有的母鬣狗都把自己的孩子放在一个公共的巢穴内，共同抚养；在大部分的褐鬣狗群体内，一般只有1只母鬣狗生育幼崽，即使有时一个群体内有2~3只母鬣狗生育幼崽，它们也是分开巢穴各自抚养。

与多数食肉目动物不同的是，斑鬣狗的幼崽出生时眼睛就能睁开，牙齿也发育良好。斑鬣狗每胎通常产2只幼崽，幼崽出生几分钟就能表现出很强的侵略性，每只幼崽争着占据领导地位，以便控制喝母斑鬣狗奶汁的权利。尤其是在食物短缺，很难养活2只幼崽的情况下，幼崽会表现出更强的侵略性，互相之间会对主导权进行激烈的争夺。

鬣狗喂养幼崽的方式很不相同，放在公共的巢穴里共同喂养幼崽的斑鬣狗通常在幼崽约9个月大时，才会让幼崽吃肉食，因为那个时候幼崽可以跟着母斑鬣狗奔走捕食了。但即使到了这个时候，幼崽也还是主要靠母斑鬣狗的奶汁生活，直到15个月大的时候才会完全断奶。褐鬣狗的幼崽在1岁多的时候才断奶，但幼崽在出生3个月时就能吃群体成员带回来的食物了。

为什么斑鬣狗和褐鬣狗喂养幼崽的方式如此不同呢？我们需要再一次讨论两者不同的捕食方式才可以作出回答。第一，如果一只褐鬣狗得到了一大块食物，它只能吃掉其中的一部分，然后它就可以把剩下的带回到巢穴里。而如果拥有5个成员的斑鬣狗群得到了一块同样大小的食物，很明显它们马上就可以吃完，而根本没有什么可带回去的。第二，一只褐鬣狗巢穴里的幼崽通常只有1窝，体型和年龄几乎相同；而在一个斑鬣狗的公共巢穴里，通常有好几窝幼崽，不但个数很多，体型大小和年龄也不相同，即使带回食物也往往由年龄比较大的幼崽控制，许多比较小的幼崽吃不到。第三，在许多地区，斑鬣狗的捕食范围很大，往往离其巢穴很远，即使找到了足够的食物，“搬回家”也很费力。而在褐鬣狗中，它们会表现出某种“英雄气概”，顽强地把食物带回去，如有一次人们就观察到一只褐鬣狗把一块约7千克重的肉带回了15千米远的巢穴中。第四，由于褐鬣狗群中的幼崽都有很近的亲缘关系，成年褐鬣狗就很愿意把食物带回来给它们吃。而斑鬣狗群中的幼崽亲缘关系可能比较远，因此会影响成年斑鬣狗带回食物的积极性。

疣猪

疣猪在非洲的身价和亚洲的狐狸差不多，一样为当地人熟悉，而当它的身影出现在迪士尼的经典动画作品中时，疣猪在欧美各国也一样家喻户晓了，《狮子王》中那个可爱搞笑的“蓬蓬”一下子成为最受孩子们追捧的动画形象之一。

疣猪是野生猪家族成员之一，它长得像家猪、蟾蜍，还有些像犀牛。疣猪是一种不具攻击性的动物，通常漫游在非洲稀树草原上寻找一些绿色植物根茎为食。长在面部的突起实际上是骨突，雄性的骨突更大，用于跟竞争者进行争斗。疣猪还长有一对獠牙，实际上这仅是生长较突出的犬齿，它们有时看上去像锋利的军刀。

弱小，但不任“狮”鱼肉

疣猪，属偶蹄目猪科疣猪属，主要分布在非洲大陆。疣猪一共分为两种：普通疣猪和荒漠疣猪。前者遍布非洲大陆，除了热带雨林和北非沙漠以外，后者分布在埃塞俄比亚和索马里的荒漠地区。

疣猪长相奇特，两眼之下的皮肤各长出一对大疣，并因此得名。疣猪脑袋和身体的比例严重失调，巨大的头部约占体长的三分之一，看上去比身子还重，除了尖疣使疣猪显得面目狰狞外，4颗巨大的獠牙更加让人望而生畏。雄疣猪在吻部更长出另一对较小的疣，刚位于獠牙之上。在挖土取食时，这些疣可能有助于保护眼睛，当然，还可使头部看起来更大，这让疣猪的面貌看起来更为狰狞。因此，

在非洲草原上，只有狮子才能轻而易举地捕猎到疣猪。

疣猪也被誉为“世界上十大最丑的动物”之一。雄疣猪的上獠牙很大，有45~75厘米长，而且向上及向外急弯。短而尖的下獠牙可当刀用。

疣猪的体重在50~150千克之间，属于中小型偶蹄目动物，背上长着一道长长的灰色鬃毛。成年疣猪体色会有些许不同。除了背部长着一道灰色鬃毛及两颊外，身上的毛都很稀疏。运动时，尾巴直立，尾尖上的一簇毛不时抖动。

非洲疣猪比平常的猪更瘦，有平坦的背和相当长的四肢。这种动物的眼睛长在脸的上部，这使它们能发现距离很远的掠食者。疣猪奔跑时的速度最高可达每小时54.4公里。进食中的非洲疣猪会跪在地上吃草并用鼻子拱地。

相对于非洲草原上那些强劲的掠食者，如狮子、猎豹和土狼等，疣猪身材弱小，看上去也很愚笨，注定要饱受食肉猛兽的欺凌，但其实它们的獠牙是一件犀利的武器，不够经验的豹和猎豹等随时会被刺伤甚至刺死。但当面对狮子时，疣猪便往往没有反抗余地。幸运是狮子平时似乎不大喜欢吃它们，只有当食物短缺时，狮子才会勉强捕杀疣猪充饥。

狮子猎食大批疣猪，尤以雨季时为甚，因为这段时间的植物长得较高，使狮容易潜猎。在泥土被暴雨泡得松软的地方，狮往往会把疣猪活活从地洞里挖出来。当然，疣猪并不是个任狮子宰割的白痴，非洲许多狮子身上的伤疤就归因于它们少不更事的时候冒犯过那4颗锋利獠牙的主人。而且疣猪相当聪明，晚上回家休息时会倒退着进洞以窥伺周围是否有猎食者跟踪尾随，早晨出门时则以最快的速度冲出家门以防被埋伏在洞口的猛兽打个措手不及。

知识档案

疣猪
目：偶蹄目
科：猪科

分布 遍布非洲大陆。

栖息地 多在丛林或热带稀树大草原，但不喜欢在树林栖身。

体型 体长91~150厘米，身高64~85厘米，体重50千克~75千克。

皮毛 鬃毛为深棕色至黑色。

食性 青草、苔草及块茎植物。

繁殖 交配主要在5月或6月期间发生，幼仔出生的高峰期出现在11月和12月，产仔数2~6个。第一次分娩年龄为2岁，产仔的时间间隔为12个月。

寿命 约15年。

温馨的群居生活

疣猪是高度群居的动物。它们经常会组成一个小型家庭团队，通常由一头或多头的雌性疣猪和它们的幼猪所组成。单独的成年雄性疣猪有时候也会加入这一群野猪之中。

疣猪多活动在丛林或热带稀树大草原，但不喜欢在树林栖身。疣猪可以连续几个月不喝水，为世界上少数在只有些许水的环境下，依旧能够顽强存活的动物，另外它还能在高于常温许多的高温下存活，生存能力非常强大。

疣猪善于挖洞，这样既可以躲避掠食者，又可以防止太阳的暴晒。它们所占的地盘界限分明，晚上住在地洞里。这些地洞通常是占据其他动物的洞穴加以扩大而成。疣猪习惯日间觅食，洗泥巴澡，它们会像犀牛那样浑身涂满泥巴，用以消暑、降温和消灭身上的寄生虫。平时，非洲疣猪喜欢彼此躺在一起，用嘴和牙为对方整理身上的毛发。

非洲疣猪是很多非洲食肉动物的捕食对象，包括斑鬣狗、野狗、印度豹、狮子和老鹰等等。当危险来临时，如果可以它们会尽可能退到洞穴里以躲避危险。在战斗中，疣猪能用长长的下犬齿进行防守，让它们占到多一些优势。

除了掠食者外，疣猪对非洲大草原上的其他动物毫不在意，它们会和平的做自己的事。黄犀鸟就是和非洲疣猪有共同生活关系的鸟类，它们被允许可以吃掉在疣猪身上的寄生虫。

在多雨季节，疣猪靠吃大草原上的长草维生；而在旱季，它们用獠

在争夺母疣猪的仪式中，公疣猪之间的搏斗非常凶残，用獠牙直接进攻，头与头撞击。

↗ 疣猪幼猪一般会在雨季将来临时出生，因为充足的雨水能带来充裕的食物。

牙及嘴挖掘地底下的球茎和块茎吃。因为找食物所锻炼出来的掘地功夫，使得非洲疣猪在寻找地底下好吃的东西方面，有着非凡的能力。非洲疣猪对于它们的生活土地是有益的，因为它们吃植物的根时，对泥土的搅拌使得土壤变的松散透气，这样能够有助于植物的生长。有时候它们还吃从树上熟透掉下来的水果，偶尔也会吃腐肉。被人类饲养时，它们还会吃胡萝卜、甘薯、莴苣、甘蓝菜、香蕉、苹果和谷类混合物。

高繁殖率与低存活率

在炎热多雨的地区，疣猪一年四季随时都可以交配，而沙漠干旱环境中的种群一般会预算在雨季到来时让小猪降生。疣猪在同一个繁殖季节内不会另觅新欢。但为争夺配偶而爆发的双雄之战非常激烈，决斗的方式只有一种：互相猛撞，从某种意义上说疣猪的大脑袋就是为此而生的，血战往往会给落败者留下致命伤。

疣猪幼仔出生的高峰期出现在11月和12月，产仔数从2个到6个不等，主要是3个或4个。母疣猪的妊娠期为170~175天，在分娩之前母猪会把它的上一胎子女赶走然后独自隐居起来直到新一代儿女出世。

疣猪的存活率很低，许多幼猪会在雨季中溺毙，有的则成为狮、豹及胡狼的猎物。平均来说，在头一年，4只幼猪中只有1只可以生存下来。不过疣猪繁殖力很强，因其生殖器官的形状特别，雄猪阴茎末端是螺旋形的，与雌猪子宫颈的螺旋形管道刚好配合，所以精子得以直接进入子宫内。这样高的生殖率刚好与同样高的死亡率互相抵消，这应该就是疣猪能一直繁衍下去的理由。小疣猪发育成长得很快，1年左右就可以长得和成体一样大，性成熟期也比较早，母猪18~20个月大就可以生儿育女了，而公猪的性成熟则要到4岁以后。

薮 猫

薮猫最初来自葡萄牙语“Serval”，意思是“像鹿一样的狼”。要知道薮猫的相貌确实“超凡脱俗”：纤细的身体，修长的四肢，颀长的脖子，外加一对紧密相靠的超大耳朵，让古代的人有了“狼”和“鹿”的联想也就不足为奇了。

薮猫是非洲常见猫科动物，是在其属中的唯一物种，被列入《国际濒危物种保护与贸易公约附录Ⅱ》。在众多野猫中，薮猫可算是长得最英俊的一种了。

● 史上最英俊的猫

薮猫的个头和狞猫相当，体长约有67~100厘米。它们的四肢相当长，竟然有将近一米。薮猫浑身沙黄或红棕色，身上布满黑色的斑纹或斑点，腹部的颜色偏白。在西非，薮猫身上的斑点比较小，斑点也不那么明显，以至于一度被人认为是另外一个独立的物种。总的来说，来自湿润地区的薮猫斑点更为精巧，而较为干旱地区的薮猫斑点则比较大。薮猫的尾巴较短，不到身长的1/3，尾巴上有黑色的环纹装饰。它们的头部也比较小，口吻部位也比较长。当然，最有特色的还是它们那对大耳朵。薮猫的耳朵长的位置比较高，而且两耳距离也很近，耳背毛色黑白相间。总之那样子是不像猫，但它们却是地地道道的猫科动物。而在相对潮湿的树林地带还有周身黑色的薮猫。

薮猫生活在非洲撒哈拉沙漠以南的大部分地区，除了非洲北部和西南部的干旱沙漠、中部的热带雨林以外，都能见到它们的足迹。薮猫喜欢

↗ 薮猫的主要栖息地是非洲大草原，有时也出现在山地。它们会爬树和游泳，但很少这么做。

在水源充足的高草草原地带生活，在这里，它们刚好可以利用修长的四肢像羚羊般在高高的草丛或芦苇间到处跳跃。不过，尽管薮猫分布甚广，由于它们热衷择水而居，种群之间因此往往呈现隔绝状态。在北非阿特拉斯山脉（摩洛哥、阿尔及利亚一带）据称还有薮猫的一支亚种残存。但即便那里真有幸存者，它们也早已陷入绝境，要知道那里已经有20年没人见过薮猫。

薮猫的“天敌”除了豹、狗之外就是人类。由于十分不幸地拥有一身漂亮的皮毛，薮猫成为被人类迫害的对象。制作一件猫皮大衣需要杀害13只成年薮猫，而薮猫很好捕捉，只要放狗追赶吓唬，就能让惊恐万状的薮猫变成人类射击的好靶子。此外，人类还认为它们是家畜杀手而对它们施以毒手，尽管那很可能是狞猫或者豺干的。另外，热衷毒药的人类常毒杀鼠类，也会让这种以鼠类为食的倒霉动物跟着遭殃。实际上这种动物相当胆小，很少去光顾人类的居住区。当然，它们面临的问题还不止这些，比如还有栖息地的丧失等。现在西非和东非的薮猫数量还比较多，但南非和撒哈拉沙漠以北的薮猫已经非常稀少，甚至濒临灭绝了。

知识档案

薮猫

目 食肉目

科 猫科

分布 非洲撒哈拉沙漠以南的大部分地区。

栖息地 水源充足的高草草原地带。

体型 体长约有67~100厘米。

皮毛 浑身沙黄或红棕色，身上布满黑色的斑纹或斑点，腹部的颜色偏白。少数潮湿丛林有全身黑色。

食性 食物基本上是啮齿类动物，但它们有时也捕食野兔、蹄兔、鸟类、爬行类、昆虫、鱼和蛙。

繁殖 一年中的任何时候都可以交配。孕期大约有67~77天，每胎大约有1~5只小猫。

寿命 12~20年。

灵敏的猎手

像多数猫科动物一样，薮猫也基本在晨昏或夜间活动。它们也会游泳和爬树但较少进行此类活动。如果在雨季或哺育后代的时候，它们也会白天出来捕食，另外，部分地区的薮猫也会根据猎物的活动情况适当调整自己的作息习惯选择白天捕食。薮猫个头不小，它们平常基本只捕捉小动物，例如各种鼠类、兔类、鸟、蛇、青蛙、蜥蜴、昆虫。运气好的话它们也能抓点小羚羊之类个头比较大的动物好好饱餐一顿。但是薮猫90%的猎物体重都是不超过200克的。因为薮猫虽然生了两对超级长腿，但对草原追逐战并不那么感兴趣，而更愿意利用长腿优势站高望远、攀爬跳跃。比

薮猫四肢修长，行动以垂直奔跳为主，它们主要通过大大的耳朵聆听草原上啮齿类动物的行动。

如它们会飞身跃入空中，用两只前爪拍击鸟类和昆虫，或者把它们按在爪下。

薮猫在捕捉猎物的时候常常先用爪子连续击打，把猎物拍晕甚至打死，然后才用嘴撕咬。薮猫的大耳朵在捕猎当中自然也起了重要作用，它们需要用那对超强大耳朵聆听草丛或地下小动物细微的活动声，分辨这些小东西的位置。曾有人看见它们埋伏在猎物的洞外，等那个小倒霉一接近洞口，它们就用长长的爪钩把猎物从洞里拖出来，甩到空中再行捕捉。薮猫的捕猎效率很高，成功率超过50%，而一般猫科动物的捕猎成功率只有10%左右。

绅士的“公猫”之战

薮猫也会划分自己的领地，母猫的领地大约有2~9平方千米，而公猫的领地则有母猫的两倍大，并可能和母猫领地交叉。

公猫之间的“战争”很有意思，颇具仪式性。由于在热带地区哺育儿女相对容易，所以薮猫在一年中的任何时候都可以交配。发情期间公猫之间的求偶战争不像狮虎豹那样一定要打个你死我活才罢休，反而显得相当的文明。通常两位“绅士”会怒气冲冲地相对而坐，如果哪位压不住心头大火，它不会乱抓乱咬一通而只是用前爪抓挠对方胸口，而另一方也不会怒发冲冠，只是用利齿来回敬那只来意不善的爪子，这样你来我往一段时间，最后大打出手。不过发生肉搏的概率微乎其微，大多数情形是双方互相怒目而视静坐一段时间后一方不胜其烦主动放弃，掉头离开成人之美。

薮猫的孕期大约有67~77天，每胎大约有1~5只小猫（2~3个居多）。产仔一般利用土豚的洞穴，或者灌木地下的空地。小猫们大约在4~7个月的时候断奶，母猫一般独自抚养孩子，到了18~24个月，等到孩子性成熟之后，妈妈会把孩子赶出自己的领地，强行让它们独立生活。薮猫的平均寿命是12~20年，圈养状态下的薮猫寿命最高纪录是22年。

大象

现代大象是现存最大的陆生哺乳动物。在动物王国中，它们拥有最大的大脑，和人类的寿命相当，能学习和记忆，适合被驯化来为人类工作。现代象的祖先磷灰象是最早的长鼻类动物，生活在约 5800 万年前。始祖象名称源于埃及莫里斯湖，在其附近仍然可以发现生活于大约 3400 万年前的象的踪迹。

大象的力量极大，1000年来通常被驯化供农业和战争使用。现在，特别是在印度次大陆，大象仍然有重要的经济价值，并且是文化的象征。人们对象牙的需求已经在过去的150年来造成了大象数量的骤减。现在，人口数量的增加导致对大象生存范围的侵占，已经威胁到了大象的生存。

• 庞大的体型和巨大的脑容量

尽管非洲象和亚洲象在生态学上非常相似，但两者之间存在着外形和生理上的差异。除了一些可见的区别以外，非洲象还比亚洲象多一对肋骨（非洲象有肋骨21对，亚洲象为20对）。在非洲象中，比起森林象来，人们更了解热带草原象（即普通非洲象），因为在非洲东部开阔的草原上研究象的习性远比在浓密的丛林中简单。热带草原象也是所有大象中最大且最重的。已知最大的大象于1955年死于安哥拉，现在华盛顿的史密斯学会展览。它重达10吨，肩高4米。大象在一生中会不停地生长，这样看来，一群大象中体型最大的很可能也是年龄最大的。

象的头骨、颚、牙齿、长牙、耳

大象灵巧的鼻子有多种用途，包括从高的树枝上摘取多汁的树叶和嫩芽。树叶可作为热带草原象主要食物的补充，却是森林象的主要食物。

朵以及消化系统的形态特征很复杂，以适应庞大身躯的进化。头骨的大小与脑容量不成比例，逐渐进化以便支撑长牙和沉重的齿系。它们的头骨相对比较轻，这是由于头盖骨中连接有气囊和空腔。

长牙是伸长的上门齿，它们与生俱来，一生中不停地生长，因此，到60岁时，公象的长牙能达到60千克重。如此大的长牙也容易成为猎人的重要目标，所以当今野外存活的巨象的数量极少。象牙是象牙质和钙盐的特殊混合物，长牙横断面上规则的钻石图样在其他任何哺乳动物的长牙中都还没有发现。在进食时，长牙用于折断树枝或者挖掘树根，在同类相遇时则作为展示的工具和武器。

大象的上唇和鼻子伸长，能形成强健的象鼻。与其他植食动物不同，大象的嘴无法触到地面。象鼻除了能使大象在进食时从树木和灌木中折断树枝，摘取叶、芽、果实，还能用于饮水、问候、爱抚、威胁、喷水以及扫除灰尘，并形成和增强发声。象用鼻子吸水，然后灌入嘴中。它们也将水洒在背上冲凉。在缺水时期，有时它们会将存在咽喉中的袋状物里的水喷出来冲凉。象鼻还可作为气管，便于它们在水中活动时呼吸。当眼睛或耳朵发痒时，大象会用鼻子来挠痒，另外象鼻还可以用来对付敌人、投掷东西或者用棒子类的工具给皮肤搔痒。

↗ 一只非洲母象和小象。巨大的耳朵让大象的正面外观非常独特，而它在功能上又是一种散热器官，通过巨大的表面积散热，可以冷却大象臃肿庞大的身躯。

大象最常见的发声是来自它们咽喉的咆哮。这种咆哮声可传播1千米远，可作为警告声，或者保持与其他大象之间的联系。当它们在稠密的矮丛林中觅食时，群体的成员能通过这种低沉的次声波构成的咆哮声互相监视。当丛林开阔或者成员们可以看到彼此时，这种咆哮声发出的频率将会降低。象鼻作为形成共鸣的空腔能扩大音量或者发出高亢的尖叫，以表达不同的情绪。新的证据显示，另一个器官——位于鼻子深处的直系软骨，

知识档案

大象

目 长鼻目

科 象科

2属3种。

分布 撒哈拉以南非洲，亚洲东南部。

热带草原象

分布在撒哈拉以南非洲的东部、中非；栖息于热带大草原。**体型：**雄性体长为6~7.5米，雌性短0.6米；雄象肩高3.3米，雌象2.7米；雄象体重达6吨，雌象体重3吨。**外形：**皮肤最厚可达2~4厘米，上面覆盖着稀疏的毛发。热带草原象通常前脚只有4个脚趾，后脚有3个脚趾。**繁殖：**怀孕期平均656天。**寿命：**60岁（某些人工圈养大象的寿命可长达80岁）。

非洲森林象

分布在非洲中部和西部；栖息在浓密的低地丛林中。**体型：**体长、肩高、体重类似于热带草原象。**外形：**象牙比热带草原象更直，耳朵更圆；同亚洲象一样，前脚有5个脚趾，后脚有4个脚趾。森林象的一个亚种——侏儒象，体长2.4~2.8米，重1 800~3 200千克，出现在塞拉利昂共和国。

亚洲象

分布在印度次大陆和斯里兰卡、中南半岛、马来半岛部分地区以及亚洲东南部岛屿。栖息于常绿林和干燥的落叶林、荆棘灌木丛林、沼泽地及草地，在海拔0~3 000米处都能生存。**体型：**体长5.5~6.4米，肩高2.5~3米；雄性重5.4吨，雌性2.7吨。**皮毛：**皮肤深灰色到深棕色，有时前额、耳朵和胸部有肉色的斑点标记。**繁殖：**怀孕期615~668天，通常一胎生一只小象，重约100千克。**寿命：**人工饲养的75~80岁。

也能够改变它们的声音。这种软骨分开象鼻顶端的骨头，可以用来引导气流。当大象兴奋、惊讶、准备攻击或者运动、互相交流的时候，它们会大声地鼓噪。

除了前面描述的象鼻在沟通时起到的次要作用，尾巴、头部、耳朵、鼻子姿态的变化，也可向外界传达可见的讯息。尽管象鼻非常强壮，能举起整棵大树，但同时也是一种非常敏感的嗅觉和触觉器官。嗅觉在群体间交往以及察觉外在的危险中发挥着重要的作用。作为触觉器官的时候，象鼻上有两个便于抓取的隆起的唇状物，上面有很好的感官触毛，可以“拿”起非常小的物品。此外，大象常常用鼻子触摸其他的象，母象则通过它不断地引导自己的幼象。当大象相遇的时候，它们常常用鼻子的前端触摸其他大象的嘴，以此表达相互间的问候。

雌性大象的大脑重3.6~4.3千克，而雄性大象的大脑重4.2~5.4千克。象的脑皮层甚至比人的大脑还复杂，因而扩大了脑皮层的面积。其大小可能与必要的信息存储空间有关，因为象脑需要区别身份，记录和回忆其他大象的行为，储存旱季的时间、危险的地方和情形，并预先判断食物的地点。一些社会行为表明，它们能通过思维来想象其他大象的感受。由于年龄最大，统领家庭的雌性统治者拥有足够的生存经验，在危险和旱季来临时，可以作出正确的决策和行动。所有这些因素都有利于智力的开发。

除了用于沟通，大象的大耳朵还可以作为散热器，以防止体温过高，而过热常常是体型巨大而紧凑的动物的一大危险。象的耳朵上血液供应充足，可以用来扇动，以便增加身体周围的气流；在有风的热天里，大象有时会展开耳朵，以便让凉风吹向身体。观察象的耳朵中部的血管可以发现：当周围凉爽时，它们的血管就不会从皮肤上突起；但当温度高时，它们的血管就会舒张开来，从皮肤上突起。大象也有敏锐的听觉，并且主要通过发声来沟通，尤其是森林象。

象沉重的身躯由柱子般的粗腿支撑，粗腿里则有粗壮结实的骨头。前脚骨头的结构是半趾行类动物结构（马的站立姿态属于趾行动物姿态，脚跟远离地面），而后脚骨是半蹠行动物结构（人类站立姿态属于蹠行动物站立姿态，脚跟紧贴地面）。大象平时保持漫步的姿态，但据说大象冲锋时的速度可以达到40千米/小时——短距离以此速度很容易超越一名短跑选手，但是测量的精确度仍然值得怀疑。

↗ 在印度次大陆交通不便的地区，如安达曼群岛、尼泊尔，亚洲象在搬运原木、清除植被等工作中仍然发挥着关键作用。图中的看象人正在尼泊尔的奇旺国家公园内骑着他的象，通过茂密的丛林。

大象不反刍，与马相似。体内微生物促使食物在盲肠中发酵——盲肠是位于大肠和小肠交界处的一个扩大的囊。

大象至少花3/4的时间来寻找和消化食物。在雨季，热带草原象主要吃草以及少量的各种树木和灌木的叶子，雨季结束后，草木枯萎，它们就开始食用树木和灌木的木质部分。它们也食用大批量的能得到的花和果实，还会挖树根吃，尤其是在雨季第一次降雨后。

亚洲象食物的种类繁多，包括上百种植物，但食物量的85%以上来自10~25种它们喜爱的食物。当大象栖息的地方以农业区为主时，庄稼也占它们食物的一部分。例如，因为蛋白质等营养含量高而被人类选择种植的谷物、小米实质上是草类植物，大象通常觉得它们比野草更具有吸引力。

由于庞大的身躯和快速的“吞吐”量，所有的大象都需要大量食物：按一只成年大象每天需要75~150千克食物计算，每年能达50吨以上，但这些食物只有不到一半被彻底消化。大象依靠它们肠道中的微生物来消化，小象的肠道中没有微生物群，一般通过食用比较老的家庭成员的粪便来获得。

此外，大象每天需要消耗80~160

年轻的非洲雄象在嬉戏、打斗。它们学习的“格斗”技巧在以后的“雄象发情狂”期会派上用场，因为成年雄象们为了接近雌象会激烈打斗。

升水，不到5分钟就能喝光。在旱季，它们用象牙在干涸的河床上挖掘洞穴，以便寻找水源。它们将鼻子探进洞里，水吸进去，泥甩出来。

“女首领”及“雄象发情狂”

目前关于大象活动范围的大部分信息来自无线电追踪，自1969年以来，这种方法在非洲一直被采用。此外，利用在20世纪末出现的全球定位技术，能够获取更为精确的位置信息。

每头大象每天平均累计走动的距离有很大的差异。在肯尼亚的一项研究中，生活在水源良好的森林中的大象每天仅行走3千米，而住在北部干旱地带的大象每天行走达到12千米。一

大象的进化

在发展进化的高峰期，除了澳大利亚、新西兰和南极洲外，大象的生存和灭绝蔓延到了全球各地，直到更新世（约200万年前），大象占领了一系列栖息地，从沙漠到山区森林。这种辐射范围与它们最突出的特点——庞大的身躯——的进化息息相关。

为了了解大象成功的演变历史，首先要了解的是非洲早期大型的草食奇蹄类动物族群。在非洲出现的第一类大型食草哺乳动物——马的祖先出现在约5800万年以前的古新世。它们占据统治地位直到约4600万年前始新世的反刍类偶蹄动物羚羊的祖先出现（在大约4600万年前）。奇蹄动物很可能会吃各种植物，包括粗糙的部分，而偶蹄动物食用的范围相对狭窄，只吃那些柔软的部分。

最早的长鼻类动物出现在古新世晚期；象科动物出现在中新世晚期（当时是非常成功的反刍动物的天下），并继续进化、拓展新的生态圈。作为非反刍动物，象科动物可以食用那些对于反刍动物来说太粗糙的植物，而这让它们开始与奇蹄动物竞争。

由于消化系统、新陈代谢速度不同，大型动物往往能够以小型动物不能消化的一些营养很低的植物为食。因此，象科动物面临强大的选择性压力，必须增大其体型以减少与奇蹄动物的竞争。植物最营养的部分，例如叶及果实等，都只能在某些季节出现，即使到那时，也相对稀少而且很分散，但是植物的粗糙部分在空间和时间上则分布得更加广泛和长久。正因为能够消化后者，大象的进化策略才发生了变化。这使得大象能够以树木和灌木的木质部分为食，利用其他草食哺乳动物既够不着又不能消化的资源。同时，在有些季节，它们仍然可以吃植物的营养部分，例如果实。这种食物的广泛性使得大象能够在广泛的栖息地内生存繁衍。

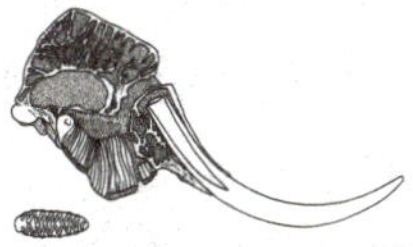

↗大象的颅骨庞大，占体重的12%~25%。如果没有广泛的气囊细胞网络，它们的头骨会更重。上门齿进化为长牙，旧的臼齿从前面脱落，从背后被替换。

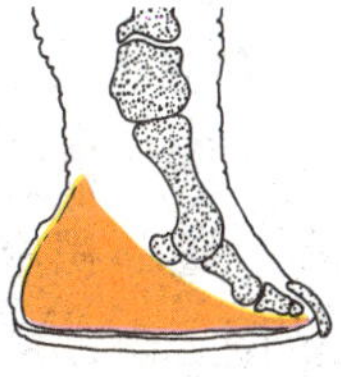

↗大象的足部很宽阔，趾骨嵌入脂肪组织（涂上黄色部分），使庞大的体重被很好地分散，以至于几乎不留下任何足迹。

般大象每天累计游走距离约7~8千米。

大象运动的一个显著特点就是被称为“裸奔”的行为。这是相对较快运动的代名词，速度一般在3~4千米/小时，有强烈的方向感，沿着连接它们领地不同部分的通道狂奔。“裸奔”是相当罕见的，通常发生在夜间，可以让大象从一个安全地带迅速穿越危险地区，来到另一个避风港。

大象也会对突然降雨作出迅速反应，并可能远行30千米到达下雨的地方，以享用不久后长出的丰美的草。在森林中，它们也会长途跋涉，寻找难得的结有果实的树木。当大象进入危险地带例如农田寻食时，往往只在夜间。大象似乎能够知道何处安全，并恰好冒险到达保护区的边缘，在边界处回头。反复行走常常会开辟出“大象专用大道”，即便在浓密的丛林中，它们也会开出新道，而这以后可被其他许多动物包括人类所利用。

有些大象的领地竟然有复杂的结构。除领地外围的一些地区外，可对其领地面积做粗略的计算比较。在这范围之内，可能有离散的部分，由通道和大象从未尝试过的空白区域相连。领地范围有小至10平方千米的，如已被记录的坦桑尼亚的一片森林，而在纳米比亚一片沙漠中，发现了多达18 000平方千米的领地。人们在肯尼亚的一项研究中发现，在拥有丰富食物和水的地方，热带草原象的领地面积平均为750平方千米，而在比较干旱的地区，领地面积可达1 600平方千米。对非洲森林象各种行为的详细研究开始于20世纪初，初步结果显示，其领地长度可达60千米，远远长于原先的设想。对亚洲象无线电遥感测试的研究显示，生活在印度的雌性群体的活动范围达到了180~600平方千米，甚至更大，而雄性群体通常活动的面积约160~400平方千米。

大象生活在群体里，而且表现出了复杂的社会习性。群居的优点在于联合防御，共同教育幼象，增加交配的机会。雌性大象常生活在家庭单位里，这种单位通常包括与之密切相关的成年象和它们未成熟的后代。典型的家庭成员包括两三个“姐妹”以及它们的后代，或者一只老年大象与一只或两只成年雌象以及它们的后代。当雌性幼象达到成熟年龄时，仍将留在家庭中，并在那里繁殖下一代。当家族逐渐庞大，年轻的成年象将组成新的子群，离开原来的家族。这些子群虽然与家族分离了，但往往还是以协调的方式共同行动。一起活动的2~4个子群一般有相同的血缘关系或者是联结的群体。

最年长的雌象是家族的统治者，统领整个家族。家族成员间的社会联系非常强，当危难时，家族成员会围成防御圈，把小象围在中间。最年长的雌象或其他成年雌象通常会检查危险来源，而危险通常来自人类。面对人类的威胁，最年长的雌象通常会退缩，但有时也会站出来面对危险，还会张开耳朵、发出雷鸣般的咆哮声，以此做出威胁状。但是这种威胁仅仅在有些情况下管用，而且不幸的是，这种防卫行为会将“女首领”暴露在危险之中，所以，它常常是第一受害者，而剩下的家庭成员将失去领导者。

如果家庭成员被枪击或受伤，其余的成员可能会前来援助，这个时候会十分喧闹而骚动，它们将设法抬起受伤者的腿，把它搬走，所有的家庭成员都会前来支持，站在两边出力。

亚洲象的基本社会结构也是由2~10只雌象及其“子女”组成家庭，这种家庭平均包含6.7个成员。印度北部的拉扎吉国家公园的集中研究表明，成年母象和它们“子女”的关系一般非常稳定，90%以上的时间会待在一起。这些团体将与其他群体（或许有亲缘关系的）在某些时间和地点相遇，而关于非洲大象之间热情地问候的描述还没有记载，更大的群体似乎只是短暂性的。

与它们的“姐妹”相反，年轻的雄象到了青春期会离开或被强制离开它们的家庭。成年雄象之间往往组成相

成群的大象常常将鼻子举高，迎着风，利用其敏锐的嗅觉，争取提前预警任何威胁。

互联系的小群体，其数量和结构保持不变；它们也会在短时期内独自生活。传统的观点认为，雄象之间联系甚少，很少协调行动，但最近在肯尼亚的研究显示，分开一段时间后，雄象会相互介入，在短期内反复发生频繁的联系。在博茨瓦纳北部，几百只小雄象通常保持密切的联系，在当地野生动物保护部门提供的水源处活动。

雄性亚洲象6~7岁左右开始离开家族。成年雄象与雌象群很少有来往，除非有雌象处在发情期。当年满20岁时，雄象开始成熟，进入“雄象发情狂”阶段，准备开始为交配展开激烈的竞争。“雄象发情狂”（印地语或乌尔都语中的单词，意为“极度兴奋”）这个词确切地描述了这种生理状况，在这个时期，雄象体内血液的睾丸激素水平可能会增加到平时的20倍以上。此刻，雄象一般会表现出强烈的敌对或侵略性行为。拉扎吉国家公园的研究显示，最大的成年雄象进入“雄象发情狂”期间时，大部分雌象正好处于发情期。全面成熟的雄象（达到35岁）“发情狂”期持续约60天，在此期间，它们广泛游走以搜索发情期的雌象。

非洲象也经历“雄象发情狂”期，只是表现得较不明显。在非洲大陆，肯尼亚的安博塞利公园对非洲象的社会习性研究得更加深入，发现雄象一般到29岁时才进入“雄象发情狂”期。这个时期通常持续2~3个月，而这时正是雨水充足的时期。

“雄象发情狂”期的雄象比其他象更容易参与打斗，常常以打斗一方的死亡而结束。在“雄象发情狂”期内，雄象会急剧减少它们的摄食量，靠消耗体内储存的脂肪维持生命。雄象在“发情狂”期会发出信号，通知领域内的其他大象。它们的眼睛和耳朵之间的颞腺膨胀起来，释放出一种芳香的黏性分泌物。它们还会持续地排出含有脂溶性激素的尿液。雄象“发情狂”期的态势也比较明显：头比平时昂得更高，耳朵高高竖起并张开，声音也独具特点，是一种极度兴奋期的咆哮声。这种咆哮声低沉而颤抖，有点像一台低转速的柴油发动机的声音。

“雄象发情狂”的目的似乎是为了暂时增强其地位，并帮助它们在打斗中获胜。因为即使是一只小雄象，在“发情狂”期，通常也能战胜一只比较大的非“发情狂”期的雄象。在雌象发情周期内，只有2~4天发情，如果雌象没有怀孕，发情周期会持续约4个月。如果雌象怀孕，每隔4~5年会成功分娩一次，生养一只幼崽。在雌象发情期，雄象必须能迅速找到雌象。雄象在“发情狂”期内，每天比其他雄象能够走更长的距离，发情的

图中，一头公象正测试母象的接收能力。同远距离通信一样，近距离的互动是生殖周期中的一个关键部分。

雌象也会发出非常响亮的叫声来吸引雄象。雌象看起来更喜欢找体型大的兴奋期的雄象来交配，如果雌象不想与某只雄象交配，就会跑开，即便雄象追上它们，它们也会拒绝站立，不让雄象交配成功。

雌象的发情期通常在雨季，这个时候最高级别的雄象也会进入“发情狂”期。体型比较大的处在“发情狂”期的雄象存在与否会明显影响其他雄象进入“发情狂”期的年龄，也会影响其他雄象处在“发情狂”期的时间长短，这主要通过胁迫效果来实施影响。在南非的一个大象种群中，引入了年龄比较大的雄象，结果其征服了具有高度侵略行为的年轻雄象，而这些年轻雄象原来会杀死当地的犀牛。

大象达到性成熟的年龄约为10岁，但在旱季或种群密度高的地方，可能会推迟数年。一旦雌象开始繁殖，每隔三四年可产下一只幼崽，但有时也可能延长。雌性生殖力最旺盛的年龄是25~45岁。

大多数大象每年会表现出与食物和水的季节性供应相适应的生殖周期，在食物短缺的旱季，雌象则会停止排卵。下雨后，食物供应好转，但约需要1~2个月的良好进食，才能使得雌象体内的脂肪达到排卵所需的水平。因此，雌象会在雨季的后半期和

在旱季，当食物变得非常稀缺时，大象也变得极具破坏性。它们会剥下树皮食用，甚至推倒整棵树，以便获取树叶和嫩枝。大象也会偷吃并破坏农作物，从而导致与非洲一些农民之间的冲突。

旱季的头几个月内进入发情期。

大象的怀孕期异常漫长，平均630天，有时甚至长达2年，这意味着幼象会出生在雨季初期，这时的环境适宜它们生存下来。特别是这个时候丰富的绿色植物能够确保母象在最初几个月内成功地分泌乳汁。通常认为，70%~80%左右的小象在第一年内能够得以幸存，但对跟踪调查的13只携带小象的母象的研究数据表明，超过95%的后代在出生后第一年内能够得以幸存。

非洲象出生时的体重约120千克。经历漫长的孕期之后，母象还会抚养小象相当长的一段时间。小象吮吸（用它们的嘴而非象鼻）母象前腿之间的一对乳房，它们的乳房与人类乳房的大小和形状相当。小象成长迅速，6岁的时候，体重就能达到1吨。15岁后，体重增长的速度逐渐下降，但终生会不断增长。雄性比雌性的体重增加得更快。

小象出生时，其他雌象，即所谓的“接生员”，会聚集在小象旁边，帮忙除去胎儿身上的膈膜。此后，这些被称为“异体妈妈”的其他雌象在抚养小象过程中仍将发挥重要的作用，它们会努力增加小象生存的机会，它们这么做也是在为将来自己生育后代积累经验。

土豚

很少有人有运气能够见到土豚这种非洲最奇特的哺乳动物，它们在夜晚秘密活动，是以蚂蚁和白蚁为生的动物中唯一存活下来的哺乳纲管齿目动物。由于土豚很少见，人们对它们的了解也很少。

“土豚”在非洲土著语中的字面意思是“土猪”，但它与猪的相似之处纯粹只是外表上的。土豚的耳朵比较大，体毛稀疏，嘴部前突，呈管状，但比猪的嘴长。它的这些特征是出于饮食的需要，而且是非洲杂食性动物特有的外部特征。

● 食蚁者

在对土豚的解剖过程中，人们发现它的很多特点都适于吃蚂蚁和白蚁。嘴巴呈管状，很容易接近地面，而且能够左右摆动30厘米，寻找食物时走锯齿形路线，此路线可以供以后连续用几个晚上。它们会将软软的鼻子插进泥土里，鼻孔里长有一些鼻毛，可以防止进土，但不能完全避免。两个鼻孔之间长有具感知功能的肉瘤，可能是用来感知食物的。

当土豚找到了它们寻找的食物时，会立即用前爪挖一个V字形的犁沟。它们有短而粗壮的四肢，前爪上长有4个趾头，后爪上长有5个趾头，每个趾上都长有长长的边缘很尖锐的趾甲，以用来挖洞。它们细长的圆舌头上带有黏膜，可以分泌黏液，能够确保它们捉到每一窝蚂蚁。它们的胃上长有一个肌肉强健的幽门，作用相当于（鸟的）砂囊，可将食物磨碎。

↗ 土豚那长的、管状的耳朵让它们能尽早察觉到掠食者的到来。一旦它们挖到地面之下很深的地方，就会把耳朵折起，以防止泥土进入而损害听力。

因此，土豚不需要咀嚼食物，也就没有必要长门齿和犬齿，取而代之的是臼齿，而臼齿终生都会生长。它们的上下颌上各长有2颗前臼齿和3颗臼齿。土豚的臼齿与其他哺乳动物的臼齿的不同，不是被牙釉质包裹，而是不被人们所熟知的细的骨状组织——牙骨质——包裹着。

雄土豚和雌土豚的肛门上都长有气味腺体，可以分泌出刺激性的微黄色的分泌物，这可能也是传递身份的一种信号。它们的耳朵很大，听觉灵敏，但是觅食时耳朵的姿势是垂直向上而不是指向地面的。这表明土豚的耳朵不是用来听蚂蚁的声音，而是查听掠食者的声音的。

为了获得足够的营养，土豚有时一夜之间能够吃掉5万只蚂蚁或白蚁。

知识档案

土豚

目 管齿目

科 土豚科

有18个亚种，但是这种分法大部分可能无效，因为对它们所知很有限，尚不能得出肯定的结论。

分布 撒哈拉以南非洲，不包括沙漠地区。

栖息地 主要生活在开阔的林地、灌木丛和草地，雨林地区很稀少，无法在岩石地区生活。

体型 体长105~130厘米；尾长45~63厘米；体重40~65千克。雄土豚和雌土豚的大小一样。

皮毛 苍白色至黄灰色，头和尾巴为白色，雌土豚的颜色相对较浅。

食性 主要吃蚂蚁和白蚁。

繁殖 怀孕期为7个月。

寿命 人工圈养的可达10年。

• 夜晚觅食

土豚几乎只在夜晚独自觅食，一般会在夜幕降临不久后离开洞穴去寻找食物，但是冬天会在下午晚些时候出来觅食。在南非的无线电追踪研究显示，根据土豚所走的路线，人们发现土豚傍晚时最活跃，月亮对土豚是否下定决心冒险出去觅食没有明显的影响。土豚的住处很规整，它们的洞穴能够帮助它们有效地摆脱掠食者的追逐。在对南非的干燥高原上的土豚进行研究时发现：土豚夜晚觅食时，每晚能走2~5千米，平均每小时走550米，中间并不停下来休息。它们夜晚的行走路线是环形的，但不会把它们的整个领地包围在内。还有一些研究

↗ 一旦土豚确定了白蚁的位置，它们就会蹲下来，将嘴巴和鼻子插进去。它们进食一次需要20秒到7分钟的时间——包括挖洞的时间在内。

表明，土豚在10小时的觅食期间能够行走15千米，一晚上能走30千米远。

在对南非干燥高原上的土豚的研究中，人们还发现，土豚的领地范围为1.33~3.84平方千米，并且和邻居的领地有很大程度的重叠。每个个体会花费它们一半的时间在领地25%~33%的区域内活动。它们觅食所花费的时间夏天比冬天多：冬天，土豚每天平均保持5个小时在地面上活动，通常会在午夜之前回到它们的洞穴里；但在夏天，它们夜里的活动就可能持续8~9个小时。

土豚主要挖3种类型的洞穴：寻找食物时挖的洞穴、比较大的暂时分散在它们领地内的避难性洞穴、永久的避难所也即幼崽出生的洞穴。后者是深的并且是曲折迷离的，长度有13米，而且通常不止一个入口。土豚通常喜欢改变它们洞穴的布局，如果有必要的话，它们会以相当快的速度来挖新的洞穴，可使自己在5~20分钟之内消失在地下。

人们对土豚的繁殖信息了解很少，但是知道它们每胎生1只幼崽，出生时体重大约是2千克，可能在雨季之前或雨季时出生，这个时候白蚁比较容易获得。小土豚2周大时就会第一次冒险和母土豚走出洞穴。大约6个月大的时候，它们就开始挖自己的洞穴，但仍会和母土豚待在一起，直到来年交配季节的到来。

↗ 土豚常常独自生活在丘陵或半草原地区中较深的洞穴中，它们极善挖土，掘进速度很快，几分钟内就能遁土而入。它们还生性胆小，缺乏自卫能力，全靠灵敏的听觉察觉外部敌情，极快地隐匿躲避。

斑 马

斑马是珍奇的观赏动物，但由于人们追求其皮和肉曾大量捕杀，其中拟斑马已于1872年绝迹，山斑马也濒临灭绝。

斑马是由四百万年前的原马进化出来的，最早出现的斑马可能是细纹斑马。有关史前马科动物的化石现存于美国爱达荷州克文的克文化石床国家博物馆。斑马的史前马为“克文马”，其体态跟斑马大致相同，骨骼短窄似驴，身形则较像细纹斑马。

• 至今未被驯服

斑马是斑马亚属和细纹斑马亚属的通称，是一类常见于非洲的马科动物。斑马因身上有起保护作用的斑纹而得名。与普通的马不同，斑马不太擅长奔跑，没有固定的栖居地，过着迁徙性的生活。成年斑马一般约2.3米高，肩高约1.5米，体重为300~400千克，最重的超过410千克。除了斑纹之外，斑马还有立起的鬃毛。

现存的斑马有三种，分别为平原斑马、细纹斑马及山斑马。平原斑马跟山斑马都属于斑马亚属的动物，细纹斑马则为细纹斑马亚属的动物。细纹斑马和驴属有点类似；而平原斑马和山斑马则比较像马。虽然如此，根据DNA及分子生物学的数据显示，斑马有其独立的起源，但和马与驴同属马科马属。在肯尼亚的一些地区，平原斑马经常跟细纹斑马一起生活。

斑马不仅有独特的斑纹，也有独特的行为习性。在各种类型的栖息

↗ 斑马是群居性动物，常结成群10~12只在一起，也有时跟其他动物群，如牛、羚羊乃至鸵鸟混合在一起生活。

地里面都可以看到它们，例如热带草原。不过，由于猎杀及对栖息地破坏等人为因素，斑马的数量受到了很大的影响。细纹斑马及山斑马已经被列为濒危动物，只有平原斑马还拥有健康的种群数目。斑驴（亦称作“白氏斑马”、“拟斑马”）已经在19世纪绝种。

斑马是草食性动物。除了草之外，灌木、树枝、树叶甚至树皮也是它们的食物。适应能力较强的消化系统，令斑马可以在低营养条件下生存，这是它们比其他草食性动物优胜的地方。

跟马相同，斑马能够细步行，亦能慢走及快走。从速度上来说，斑马奔跑起来不如一般的马，但是它们的耐力较好，猛兽要想猎杀它们也是比较难追得上。另外，当斑马被其他动物追逐时经常霎时转弯令敌人很难捕捉它们，走投无路的话便会猛然飙起，又踢又咬。

跟别的有蹄动物一样，斑马的眼生在头的两侧，视觉较阔。斑马的视力不俗，也并非色盲。它们在较黑暗的环境也能看得到其他东西，但其夜视能力在跟肉食动物相对之下也比较弱。幸好斑马的听力也颇为灵敏，环绕听觉亦比马好得多，更可以转向任意方向，以补偿对眼的夜视弱点，防止在夜间轻易被肉食动物捉到。除了视觉及听觉，它们的味觉跟嗅觉也相当不错。

知识档案

斑马

目 奇蹄目

科 马科

分布 广泛分布于非洲东部、中部和南部。

栖息地 栖息于水草丰盛的热带草原。

平原斑马

又称普通斑马。分布于东非，栖息于草地或稀树大草原。有3个亚种。**体型：**体长230厘米，尾长52厘米，体重235千克。外形：身体上有光滑垂直的黑白条纹，臀部有水平条纹。看起来胖而粗，腿短而粗。

山斑马

分布于非洲西南部，栖息于山区草地。有2个亚种。**体型：**体长215厘米，尾长50厘米，体重260千克。**外形：**皮毛比平原斑马更为光滑，条纹更窄，腹部为白色；更瘦，蹄子更窄，脖子下方有赘肉。

细纹斑马

又称格氏斑马或者皇家斑马。分布于埃塞俄比亚、索马里、肯尼亚北部，栖息于沙漠边缘的草原和干旱的多树丛的草地。**体型：**体长275厘米，尾长49厘米，体重405千克。外形：身上有狭长垂直的黑白条纹，臀部的毛向上弯曲；腹部为白色，笔直的鬃毛很突出。看起来像骡，有着长而窄的脑袋，耳朵宽大而突出。

食性 斑马是草食性动物。除了草之外，灌木、树枝、树叶甚至树皮也是它们的食物。

繁殖 雌兽的妊娠期约为11~13个月，每隔3年生产1次。每胎产1仔。

寿命 寿命约为20~30年。

斑马跟其近亲马、驴不同，还未

真正被人类驯养。因为斑马比马更能适应非洲的疫症，欧洲殖民者曾经试图驯服斑马代替普通马用于骑乘和拉车。然而由于斑马的天性较难预测，在压力下容易受惊吓，驯服斑马多数都以失败告终。因此，能被人类成功驯服的斑马多为杂交斑马（斑马跟其他马科动物如马、驴杂交的品种），而非天然纯种斑马。

• 斑马的条纹是怎么回事

当斑马还在雌兽的妊娠早期，一个固定的、间隔相同的条纹形式就已经确定在胚胎之中了。以后在胚胎发育的过程中，由于身体各部位发育的情况不同，所以幼仔出生后，各部位所形成的条纹也就不一样了，有的宽阔，有的狭窄。例如斑马颈部的条纹较宽，所以颈部的最早条纹形成必须在胚胎发育的第七个星期，颈部伸长之前确定；近鼻孔处的条纹很细，所以这个部位最早的条纹形式必须在胚胎发育的第五个星期，鼻子扩大之前确定；臀部的条纹最宽，说明臀部与身体的其余部分是成比例发展的。

另一方面，条纹也不能早于胚胎发育的第五个星期之前出现，因为斑马长着一条具有条纹的尾巴，而这条尾巴在胚胎发育的第五个星期以前尚未出现，这时胚胎的长度大约为32毫米，条纹的数目约为80个，据此可以推算出最初确定的每个条纹的宽度大约为400微米，即每一个条纹有20个胚胎细胞的宽度。至于它四肢上的条纹

↗ 斑马有一个特点，即使在食物短缺时，从外表看仍是又肥壮皮毛又有光泽。

为什么呈水平方向，则可能是腿部在胚胎发育过程中，所有的条纹机械地转过一个角度而形成的。

以前斑马被误以为白色皮肤、黑色间条，但其实上斑马是黑色皮肤、黑毛与白毛相间的动物。有些斑马在黑白纹之间还有带啡色的“阴影纹”。虽然斑马的黑白斑纹在人眼中十分的抢眼，但杂乱的斑纹可防止采采蝇等害虫寄生在它们身上，条纹还可扰乱狮子掠食动物的目光（猫科动物的视网膜杆细胞夜视能力强，但锥细胞的辨色能力不好，所见之物都是黑白色）。当斑马成群结队时，狮子所见到的影像就会相当模糊，影像之间毫无间隔，而斑马成群奔跑时，斑纹则会使掠食动物眼花缭乱。黑白色的条纹还可调节身体的温度，形成自然的空调系统，因为白色可反光、降温，黑色可吸光、升温。

另外，每只斑马的纹理也不是完全相同的，这样它们就可以识别到其他斑马的身份。斑纹也有吸引异性关注的作用。受过伤的斑马的纹理可能会有点乱，在它们择偶时可以参考配偶的斑纹以判断对方的健康情况。

斑马的这种条纹保护色是长期适应环境和自然选择而逐渐形成的，因为历史上也曾出现过一些条纹不明显的斑马，由于目标明显，所以易于暴露在天敌面前，遭到捕杀，最后灭绝，在漫长的生物演化过程中逐渐被淘汰了。只有那些条纹分明、十分显眼的种类尚能一直生存。人类从这种现象中得到了启示，将条纹保护色的原理应用到海上作战方面，在军舰上涂上类似于斑马条纹的色彩，以此来模糊对方的视线，达到隐蔽自己，迷惑敌人的目的。

• 多种“家庭”结构

斑马是高度群居动物，它们组成群体栖息，即使年老的个体也不会被驱逐出群体而过独居生活。但群体通常不大，最多也就是10只左右，多由雌兽和未达到性成熟的雄雌幼仔所组成，群体十分紧凑而不松散，幼仔们喜欢在一起玩耍、撕闹，或与雌兽在一起嬉戏。成年雄兽通常过独居的生活，所占的领地大约有10平方公里，用排出来的粪便作为领地边界的标记，只有在雨季，等候雌兽来到身边时，才一起过上一段夫妻生活，然后雌兽又会回到群体中。

在栖息范围内，群体总是沿着较为固定的路线进行迁徙活动。虽然长相不凡，但它的叫声却很难听，就像“叫驴”嘶鸣一般。斑马在觅食时由群体成员轮流担任警戒任务，一有危险便发出长嘶的警告信号，群体立即停止进食，迅速逃跑。它奔跑的速度快而持久，每小时可达60~80千米，为

草原斑马是东非草原上三大迁移性动物之一。大批的斑马群跟着雨水按照着一定的方式成群迁移。一旦某个区域的草被吃光，它们就会继续迁移。

狮、豹等猛兽所不及，从而能够经常逃脱食肉兽类的追杀。

斑马不仅群体成员之间十分友好，也常与鸵鸟、长颈鹿、羚羊等食草动物等混杂行动，一起生活，分享同样的食物，并且互相利用，互通信息，以避强敌。所以，它们的天敌狮子、豹、野狗、鬣狗等只能采取伏击的方法捕食，常常在其饮水的必经之路上设下埋伏，耐心等待，当距离较近的时候，突然冲出，目标对准因受惊而四处狂奔的群体中的病弱个体或没有经验的幼仔，扑倒后饱餐一顿。

不同的种类其社会构成亦不同。平原斑马及山斑马有“家庭”结构，每“家”也有一只雄性斑马、最多六只的雌性斑马及它们的子女。而一些尚未交配的雄性斑马则会自己单独生活，或是跟其他雄性一起生活，直至它们有能力去挑战有“家室”的雄性斑马。当斑马群被土狼或是野狗攻击时，成年的斑马会组成一个圆形，并将未成年斑马放在圈内，其首领则会保护它的妻儿。

细纹斑马跟其他斑马不同，它们没有固定的社会关系。细纹斑马很少长时间一起生活。成年的雄性斑马会自己独居，而未成年的斑马就会跟它们的母亲生活在一起。跟平原斑马及山斑马一样，尚未交配的雄性斑马会跟其他雄性一起生活，不过关系不太固定。

在繁殖季节，斑马表现得十分紧张而活跃，雄兽之间互相会毫不客气地进行激烈得争斗，打斗的方式为互相碰击颈部、用嘴咬、用前脚的蹄来踢等。败者狼狈逃窜，获胜者则与雌兽一起生活一段时间，通过亲昵、嬉戏等行为，然后交配。每只获胜的雄兽每年要交配数只雌兽。雌兽的妊娠期约为11~13个月，每隔3年生产1次。每胎产1仔。幼仔出生后不久，即可站立和走路。哺乳期约为6个月，3.5~4岁时性成熟。寿命约为20~30年。

犀牛

犀牛有庞大的身躯、坚韧的皮肤、突出的触角，这些使得人们一看到它们，就容易将其和恐龙家族而不是随后出现的哺乳动物联系在一起。实际上，这也有一定的合理之处，因为犀牛确实有着古老的祖先。

犀牛和大象以及河马都是那些幸存下来的曾经繁荣且多样化的巨型草食动物的代表性物种。4000万年前的第三纪有很多种犀牛，而直到1.5万年前的最后一次冰川期，欧洲才出现了羊毛犀牛。尽管那些灭绝的犀牛有着不同数量和排列类型的触角，但它们都是很庞大的。目前在5种幸存下来的犀牛中，2种处在灭绝的边缘，另外3种也正在遭受越来越严重的威胁。

哺乳动物中的恐龙

犀牛因为它们那与众不同的身体特点而被命名。和羚羊、牛、绵羊的触角不一样，犀牛的触角没有多骨的核，其触角由位于头骨上粗糙区域集中起来的角蛋白纤维组成。黑犀、白犀（两种非洲种类）和苏门犀有一前一后2个触角，前面的通常大一点；印度犀和爪哇犀在其口鼻部末端只有1个触角。

犀牛有短而结实的四肢，以支撑它们巨大的身体重量。每只脚上的3个趾常使它们留下特殊的梅花状的印迹。印度犀皮肤上有着突出的褶皱及块状物，所以看起来有装甲板的感觉。白犀颈背有着突起的肉块，使得韧带可以支撑住其巨大头部的重量。成年雄性白犀和印度犀比雌性要大很多，相比之下，其他种犀牛的雌雄大小很相似。黑犀有着适于抓取东西的上唇，可用于握住木质类植物的枝梢，而白犀则有着延长的头骨和宽大的唇，来获取它们所喜爱的短草。这两种犀牛的颜色没有多大的改变，它们得到的通用名字很可能起因于当地的土壤颜色渗到了那些首先被发现的

白犀是世界上第三大陆地哺乳动物（只有亚洲象和非洲象比白犀体型大），雄性重达2吨多。

知识档案

犀牛

目 奇蹄目

科 犀科

4属5种。

分布 非洲，亚洲热带地区。

黑犀

从南非到肯尼亚都有分布；栖息于山区雨林一直到干旱的灌木林地；吃嫩枝叶；夜间活动多于白天。**体型：**体长2.86~3.05米，肩高1.43~1.8米，尾长60厘米；前触角长42~135厘米，后触角长20~50厘米；体重0.95~1.3吨。**皮毛：**从灰色到带浅褐色的灰色；无毛。**繁殖：**16~17个月的怀孕期后产下1只幼崽。**寿命：**40岁。

白犀

或称方唇犀牛。分布于非洲南部和东北部；栖息于干旱的稀树大草原；吃草；白天和夜间都出没。**体型：**雄性体长3.7~4米，雌性3.4~3.65米；雄性肩高1.7~1.86米，雌性1.6~1.77米；尾长70厘米；雄性前触角长40~120厘米，雌性50~166厘米；后触角长16~40厘米；雄性体重可达2.3吨，雌性可达1.7吨。**皮毛：**身体呈灰色，因土壤的颜色而不同；大部分都是无毛发的。**繁殖：**16个月的怀孕期后产下1只幼崽。**寿命：**45岁。

印度犀

或者称大独角犀。主要分布于印度（阿萨姆邦）、尼泊尔和不丹；栖息于洪泛区的平原草地；主要食草；白天和夜间都活动。**体型：**雄性体长3.68~3.8米，雌性3.1~3.4米；雄性肩高1.7~1.86米，雌性1.48~1.73米；尾长70~80厘米；触角45厘米；雄性体重2.2吨，雌性1.6吨。**皮毛：**身体呈灰色，无毛发。**繁殖：**16个月的怀孕期后产下1只幼崽。**寿命：**45岁。

爪哇犀

或者称小独角犀。分布于亚洲东南部，栖息于低地雨林；吃嫩枝叶；夜间和白天都活动。**体型：**肩高可达1.7米；体重可达1.4吨。**皮毛：**身体呈灰色，无毛发。

苏门犀

也称亚洲双角犀或多毛犀牛。分布于亚洲东南部，栖息于山区雨林；吃嫩枝叶；夜间和白天都活动。**体型：**体长2.5~3.15米，肩高可达1.38米；前触角长达38厘米，体重达0.8吨。**皮毛：**身体呈灰色，覆盖着稀疏的长毛。**繁殖：**7~8个月的怀孕期后产下1只幼崽。**寿命：**32岁。

样本个体身上。

犀牛的视力很差，在超过30米的地方就无法侦察到静止不动的人。它们的眼睛长在头的两侧，所以，为了看清正前方的东西，它们首先用一只眼凝视，然后用另一只眼睛看。它们有着很好的听觉，通过转动管状的耳朵，收集细微的声音。但它们几乎都是凭借嗅觉来感知周围的事物，它们嘴中嗅觉管道的容积超过了整个大脑的体积。

在没有人类干扰的情况下，犀牛有时能发出嘈杂的多种声音。不同种的犀牛发出不同的喷鼻息、噗噗声、吼叫、尖叫、抱怨声、长声尖叫以及类似雁的叫声。喷鼻声大多数时候被用来维持个体间的距离，而尖叫声被这些笨重家伙用来作为寻求救护的信号。雄性白犀会通过长声尖叫阻止母犀牛离开它们的领地，而当公犀牛教训其他个体时，通常会发出尖锐的气喘声。另外，公犀牛示爱时会发出柔和的嗝喘声。

犀牛比较特殊的一点是：雄性的睾丸并没有沉入阴囊中，其阴茎在收缩状态下是朝后的，因此，无论雌雄，都是直接尿向后方。雌性位于后腿之间的地方有2个奶头。

• 数以千克计的食物

所有的犀牛都是依靠树叶等植物的植食动物，它们每天都要摄取大量的食物来维持它们庞大的身体。一头有腹膜炎的雌性白犀死时胃里的草料总湿重达72千克，是自身体重的4.5%，这大致是其一天要吃掉的食物数量。由于庞大的体型及强大的大肠发酵能力，它们能够容忍相对高纤维含量的食物，但在可能的情况下，它们更钟爱有营养的叶状的食物。两种非洲犀牛都没有门齿和犬齿，只用它们的嘴唇去吃草。亚洲种类依然有门齿，而苏门犀还有犬齿，但这些都更多地用来争斗而不是采集食物。白犀宽大的嘴唇使得它们吃东西时可以咬一大口，因此在一年中的大部分时候，它们都能从所钟爱的草地上采集到足够多的食物。在干旱季节，当短草都已经枯萎时，它们在树阴遮蔽的地方寻找那些主要包括大黍草的植

↗ 雌性黑犀之间友好的“鼻碰鼻的会议”。虽然基本上所有的犀牛都是独居动物，但通过这样的接触和联系，它们和共享一片家园的其他个体可以彼此熟知。

黑犀用它们厚厚的、钩状的、适于抓取的唇去采集木质的茎、厚厚的叶子和杂草。

物，最后再转向那些高高直立的以黄背草为主的食物。黑犀能用它们适于抓取的唇来获取木质的食物，它们喜欢的种类包括金合欢树、大戟属植物，还包括那些有乳状汁液的多汁植物；非草本植物也是其食物中的重要部分；数量丰富的非洲吊瓜树是它们的水果食物来源。

印度犀用它们灵活的上唇采集比较高的草和灌木，但当需要吃短草时，它们也可以把唇折叠起来。它们更喜欢比较高的草类，尤其是甘蔗属植物，但在冬天，其20%的食物都是木质的；它们也寻找滑桃树上掉下来的水果。爪哇犀和苏门犀是特有的吃嫩枝叶者，它们经常弄倒小树来吃枝叶，和非洲黑犀一样，它们也吃某些特定的果实，苏门犀常吃的水果包括山竹和芒果。

所有的犀牛都离不开水，在条件许可的情况下，它们几乎每天都在小池塘和河流中喝水。在人工圈养的情况下，一头白犀每天要喝80升的水，但在野外，这个数字可能要小一些。在干旱的条件下，两种非洲犀牛可以不喝水而存活4~5天。

犀牛经常会在水坑中打滚，印度犀尤其会花很多时间躺在水里，而非洲犀牛经常用湿泥涂满它们的身体。水可以带来清凉，而湿泥则主要用于保护它们免受飞虫的叮咬（尽管犀牛有厚厚的皮肤，但它们的血管只在一层薄薄的表皮之下）。

社会性的独居者

对于大型的诸如犀牛这样的哺乳动物来说，生命历程较为持久。雌性白犀和印度犀在大约5岁时开始经历第一个性周期，6~8岁时经过16个月的怀孕期后，会产下第1只幼崽。在体型小一些的黑犀中，雌性要比白犀和印度犀提前一年繁殖后代。犀牛每胎只能产1只幼崽，产崽的间隔期最短也需要22个月，大部分是2~4年不等。刚出生的小家伙相对很小，只有母犀牛体重的4%（白犀和印度犀幼崽只有65千克，黑犀幼崽只有40千克），雌性在哺育期间与别的犀牛是隔离的。白犀幼崽出生后3天就可以跟在母犀后面行动了，而印度犀中的母犀有时会在离幼崽800米远的地方觅食。白犀和印度犀的幼崽一般会在母犀的前面跑，这样可以得到更好的保护，而那些栖息在矮树丛中的黑犀幼崽通常跟在母犀的后面。在受到威胁的情况下，母白犀会站在其幼崽身边保护它们。

在野外，雄性犀牛7~8岁就已经成熟了，但直到10岁左右，它们拥有自己的领地或者取得统治地位时，才能得到交配机会。

幼崽在一年中的任何时候都可以出生，但雨季是非洲犀牛的交配高峰期，因此大部分幼崽会在旱季初期出生。母犀牛可以用母乳给幼崽提供营

5种犀牛：1.印度犀；2.爪哇犀；3.苏门犀；4.黑犀；5.白犀。

养，以便度过那段艰难的时光。尽管白犀的幼崽3个月大时就可以啃草了，却需要由母犀看护到1岁大小。

成年犀牛大部分都是独居的，但母犀会一直和最近出生的幼崽待在一起，直到幼崽2~3岁时，到了下一个幼崽的出生小犀牛才会被迫离开。然而那些不成熟的雌雄个体或者还没有生育幼崽的成年雌性有时也会成双结对，甚至组成更大的群体——在白犀中这种临时群体通常包括10个甚至更多的个体。带着一只幼崽的雌犀牛，加上一只大一点的小犀牛而组成三成员群体，在白犀牛中也并不罕见，虽然这只雌犀牛一般不是那只比较大的小犀牛的母亲。没有幼崽的成年雌性犀牛也十分乐意带着那些年轻的小犀牛。除了和发情的雌性短暂地在一起待一段时间之外，几乎所有的成年雄性都是独居的。

白犀和印度犀一般的生活范围是10~25平方千米，而在低密度分布地区，可能会达到50平方千米，甚至更大。雌性黑犀的生活范围从3平方千米的森林小块地，到高达近90平方千米的干旱地区不等。

所有种类的雌性其生活范围都在很大程度上重叠，因为它们不需要占有领地。雌性白犀通常参加“鼻碰鼻的友好会议”，它们可以很文雅地互相摩擦触角，而印度犀则对任何密切的接触都很抵触。然而，它们中快要成年的个体都会接触那些成年雌性、幼崽及其他未成年的个体，进行“鼻碰鼻的友好会议”或者顽皮的摔跤较量。

所有种类的雄性都会加入到会导致严重受伤的残酷的争斗中，两种非洲犀牛通过它们前面的触角来较量。亚洲的犀牛会张开大嘴，用它们长尖的下门齿来进行攻击，而苏门犀则是用它们的下犬齿。在种内战斗可能导致毁灭性后果的物种中，黑犀最为典型——大约50%的雄性和33%的雌性由于战斗留下的创伤而死亡。它们为什么如此好斗，人类不得而知，但不管怎样，有着高死亡率的犀牛的数量恢复很慢。

黑犀以具有无缘由的进攻性而闻名，然而它们通常只是以盲目的疯跑来赶走入侵者。印度犀受到骚扰时，经常充满进攻性地狂奔；在一些犀牛占据的避难所，它们还时不时地攻击大象。

形成对比的是，尽管白犀的体型庞大，但它们其实很温和，天生没有攻击性。包括那些快要成年的白犀在内的一群白犀，经常臀部互相紧贴，朝着外面的不同方向站立，形成保护阵形。这样或许可以成功地保护那些小犀牛不受诸如狮子和鬣狗这样的肉食动物的攻击，但是对付装备了武器的人类却无能为力。

长颈鹿

高出地面 4~5 米，一群在稀树大草原中的长颈鹿远远看去就像是一支看不见头和脖子的小舰队，穿行在树冠间。长颈鹿是世界上现存最高的动物，它们的高度，加上有着金色花纹的皮毛和特殊的身体构造，让人过目不忘。

长颈鹿带给人们最为深刻的印象主要来源于它们脖子的长度，尤其是它们相对短小的身体与报道中脖子的长度相联系时，这种反差会更为强烈。

● 吃高层的嫩枝叶

显而易见，长颈鹿垂直拉长的脖子的职能意义在于更容易地接近树冠的嫩枝叶。在进化过程中，每逢食物短缺的危急时刻，有着更高视野的长颈鹿在与短颈的吃嫩枝叶的动物竞争时将显得更有优势，因为它们可以充分享用高层的树叶。更为高大的长颈鹿不易因为缺乏食物而毙命，这样，它们的基因也就有了更多的机会延续到下一代。长颈鹿的长脖子被认为是自然选择学说中教科书般经典的例子，尽管以前从来没有人确切地证明过它们的长脖子是否真的可以使长颈鹿吃到更多更好的食物。

然而，对以上观点的支持正在增加，南非正在进行的实验就能证明。以下几点是可以确认的。首先，体型比较小的植食动物每天需要的食物量也比较少，这就给了它们仔细挑选食物的余地。其次，小型植食动物的口鼻部往往比较窄，可以深入叶丛中去挑选更好的树叶和嫩芽。小型植食动物也包括地方性密度相对较高的物种，所以，它们留给大型植食动物的食物常常不是最适宜的。但是在小型植食动物头顶以上，有着丰富的未被利用的资源。因此，加长的脖子给长颈鹿带来的好处跟苹果采收机带给人类的好处是一样的。

不过为了这么长的脖子，长颈鹿也付出了不小的代价。一头成年长颈鹿的心脏大约在它蹄子上方2米处，距它的大脑约3米。这就意味着长颈鹿每条腿下组织的毛细血管都要承受很大的血压。对于其他的现存动物来说，这将会导致过滤性水肿，血液会在压力下冲破毛细血管壁。但是，长颈鹿纤细的下半肢的毛细血管有一层特殊的由绷紧的上皮组织组成的厚鞘，它们在有效地保持血管外高压的同时抵消了血管内的压力。这个效果跟战斗机飞行员穿的航天服是一样的，可以防止飞机冲向高空时因为高速加速而带来的血液冲向腿部造成的暂时性失去知觉。

长颈鹿的解剖学特征还有几个反常的地方，比如其循环系统是个“泵”，它产生的压力可将血液送往大脑（在心脏处产生215毫米汞柱的压力），这差不多是一头牛平均水平的两倍。然而，它大脑处的血压却维持在90毫米汞柱的水平，这与一般的大型哺乳动物并没有什么区别。还有另外一个令人惊讶的地方：当长颈鹿低下头喝水的时候，按照常理，向下奔涌的血液会冲向大脑，导致血管爆裂，但是事实并非如此，因为长颈鹿的颈动脉处有一个压力调节机制，即在大脑附近，大量的毛细血管网从颈动脉处分离出来形成网状结构；与此同时，长颈鹿喝水时弯腿屈膝的特殊姿势也使得它的胸腔更加接近地面，这样就可以大大减小心脏和大脑之间的高度差。

长颈鹿的颈部结构和工地上吊车的结构很相似，7块延长了的颈椎（和所有哺乳动物数目相同）被肌肉和肌腱串起来一直延伸到肩峰的固定点（垂直的脊柱一直扩展到胸椎）。这

这种与众不同的伞状的金合欢树限制长颈鹿在它的低层树冠上吃嫩枝叶。

个结构像一个管子一样吸入和呼出气体，吃进和反刍食物。长颈鹿是最大的反刍动物，和其他反刍动物一样，它不止一次地咀嚼食物，当食物进入其长长的颈部再一次咀嚼时，我们可以明显地看到网球大小的食团，就像是起重机在升高一个物体。这样长的颈部也显露出一个对于呼吸的巨大挑战，因为气管大约有1.5米长，直径是5厘米，这样就容纳了约3升空气。在鼻孔到肺的空间里充满了要呼出和要吸入的气体，它们不得不回流以增加那些可能快要进入肺的空气。为了克服这个困难，不得不加快其呼吸的频率。一般的成年长颈鹿呼吸的频率是一分钟20多次，而成年人是12~15次。

长颈鹿皮毛上不规则的斑点分布酷似草原林地上光影形成的花斑。颜色和纹点在长颈鹿的亚种之间有很大的差别。长颈鹿有特别柔软的皮毛，但在种群内不同性别和年龄间会有差别。在南非，雄性的臀部几乎为黑色，随着年龄的增长会慢慢变白。此外，长颈鹿皮毛的功能就像用来区分个体的指纹，一些研究领域已经应用这些花纹（尤其是脖子部位的），通过建立图片库确认并监控个体的长颈鹿。

尽管长颈鹿的高度可以使它较为容易地吃到树顶上的叶子，并因此避免与其他动物的食物竞争，但它却必须最大限度地弯曲它的前腿去喝水洼里的水。这种情况下，它很容易被敌人偷袭。幸好由于可从食物中获得大部分水分，它很少喝水。

• 不断缩小的草原栖息地

长颈鹿是草原的“土著居民”，生活于非洲撒哈拉以南的整个稀树大草原，但现在它们已失去了其50%以上的历史分布区域。这主要是由于栖息地丧失及过度狩猎，也许还和暴发牛型传染病有关系。分布在西非的长颈鹿仅局限于萨赫勒地区，它的中心距尼日尔西南部的尼日美很近。另一方面，在南部非洲，近些年长颈鹿的分布区则正在扩张，即将取代野牛的位置，这与私人商业农场的狩猎有关。除了总体上数目在增长，令人费解的是没有一只长颈鹿在赞比亚和津巴布韦之间的赞比西河流域出现，这可能是与20世纪初牛型传染病在动物

知识档案

长颈鹿

目 偶蹄目

科 长颈鹿科

1属1种，一共有9个亚种：西非亚种，科多福亚种（苏丹长颈鹿），指名亚种（努比亚长颈鹿），雷提库拉塔亚种（网纹长颈鹿），罗斯基德亚种，马赛亚种，罗得西亚亚种（赞比亚长颈鹿），安哥拉亚种，南非亚种。分布在撒哈拉以南非洲，栖息于开阔的林地和稀树草原。

分布 撒哈拉以南非洲。

体型 雄性长颈鹿的体长可达3.8~4.7米，尾长（除尾端樱穗外）80~100厘米，加上角共高4.7~5.3米；雌性加上角共高3.9~4.5米。雄性体重800~1 930千克，雌性550~1 180千克。

皮毛 斑点的颜色和大小都不相同（通常是橘褐色、黄褐色或是几乎黑色），被奶色的网状条纹分隔开。

繁殖 怀孕期15个月。

寿命 25年，被圈养的可达28年。

界的大流行有关。

• 寻找绿色植物

长颈鹿是只吃嫩枝叶的动物，完全以双子叶植物为食（树木、灌木、非禾本科草本植物），只有当雨后牧草肥美的时候它们才偶尔吃些草。在它们的分布区内，它们利用种类繁多的金合欢树枝叶等作为主要的食物，也包括其他很多属的树，如风车子属、没药属、丛林茶属等。大多数关于长颈鹿食性的研究都是在非洲南部和东部进行的，那里有典型的长颈鹿常年吃的食物，包括40~60种木本植物。长颈鹿是一个挑食者，它们吃植物高质量的部位，如新叶、幼芽、果实和花。当然，在贫瘠的月份长颈鹿也吃纤维含量高的耐旱植物的叶片来维持生活。作为反刍动物，长颈鹿可以通过反刍改变叶片的可消化性，并且它们还有一个独特的能力，就是在走路的过程中进行反刍，这就拥有了更多的进食时间。

由于在稀树大草原生态系统内植物很分散，并且叶子生长有季节性，长颈鹿需移动很远的距离去觅食，特别是在干旱季节。在南非和东非，它们要在300~600平方千米左右的范围内活动，而在尼日尔的萨赫勒地区无论是雌的还是雄的都要在1 500平方千米的范围内活动。在干旱的季节里，除了靠近水边的植物外，其他的树木都不长叶子，长颈鹿不得不去比较低洼的地方，因为那里有比较适合树木长叶子的湿润土壤。大多数的时间里它们自由活动，而且分布很混乱。在克鲁格国家公园它们常食用水里的植被。

长颈鹿的嘴非常适合取食。长舌头可将植物芽上的刺去掉，然后用它的臼齿将食物磨碎。光滑的树芽能倾斜地通过臼齿和犬齿之间的缝隙，而它们的嘴在捋住树枝时，叶子便在门齿和犬齿之间被捋下。长颈鹿能吃到任何高于地面不到5米的树叶，雄长颈鹿更可以很容易够到母长颈鹿和小长颈鹿够不到的食物。这种觅食的不同一方面因为雄长颈鹿比母长颈鹿高大，另一方面也是因为它们的头在寻觅食物时可以在180° 的范围内转动，而母长颈鹿仅可在135° 范围内转动。这些觅食姿势的不同在很大程度上也适用于长颈鹿的交配，但是其原因目前还不清楚。

↗ 为了方便食用那些多刺的树叶，长颈鹿有着长达46厘米的和猴子前臂一样灵巧而强有力的舌头。此外，它们还拥有高度灵活的有强健肌肉的唇。

这种现象在一定程度上也与雄长颈鹿每天需要的其他活动有关系。母长颈鹿一天中几乎一半以上的时间都在吃植物，而雄长颈鹿仅仅花费43%的时间，因而雄长颈鹿需要更高的摄食效率。除了觅食以外，雄长颈鹿还需要去交配，去巩固自己的领地，因此它们需要缩短觅食时间。

因为食物中70%是水分，长颈鹿很少喝水，但是如果有比较适合饮用的净水它们还是要喝的。它们偶尔也会去咀嚼一些老骨头，还吃泥土，这可能是由于在一些地方太缺少它们需要的微量元素了。有的时候长颈鹿会死于窒息或是波特淋菌中毒，这是它们咀嚼或吞下被食腐者丢弃的骨头造成的。

• 拥吻和联合

长颈鹿的社会活动相对来说不是很复杂。母鹿、未成年雄性和幼崽通常是在一个很少超过20头的群体中活动。其群体结构因为不同个体的加入和离开而显得不是那么稳定，但母鹿和没有断奶的小鹿之间的联系是较固定的。成年雄性长颈鹿大范围（常常一天走20千米）地寻找发情期的雌性，因此常常是独居的。体型最大的居主导地位的雄长颈鹿有交配的独占权，如果一个“下级”想要取代这个统治者的地位，这头雄长颈鹿会直立起头来用蹄踢向挑战者。胜利者还要

尽管长颈鹿不是特别好战，但是雄性长颈鹿非常强壮有力，它们会用各种不同的方式去攻击对手并试图使对手失去平衡。图中一只长颈鹿就试图用将脖子伸到对手后腿下这种战略来攻击对手。另外一种奇特的方法就是用头十分精准地撞击对手的下腹。

追赶失败者一段距离，然后站在很高的地方直到看着战败者消失，才回到自己的领地去相会处在发情期的母长颈鹿。

在遇到雌性的时候，雄长颈鹿通常要检查雌性的生殖状况，会嗅每个雌性的尿液，用鼻爱抚其生殖区。雌性会停下来，将一小股尿送入雄长颈鹿的舌头上，雄性通过嘴唇和嘴里的犁鼻软骨进行检查。比较成功的交配一般发生在8岁以上的大个雄性中，雌性则在4~5岁时就能第一次怀孕。怀孕期通常要持续一年以上（15个月），因此长颈鹿没有特定的繁殖期。一般的雌性通常在一只100千克重的幼崽出生后5个月左右再次怀孕，它们一生要产5~10只幼崽。一般每胎只产1只幼崽，很少有双胞胎。小长颈鹿每个月增高大约8厘米，大概有18个月左右的哺乳期。50%的幼崽会在头6个月死亡。幼崽的死亡主要是由于像狮子和鬣狗之类食肉动物的捕杀，尽管豹和非洲野狗之类也捕杀新生的长颈鹿。

在生命中的最初几个星期里，当母长颈鹿在附近觅食时，小长颈鹿会自己在树阴下休息，母长颈鹿则有规律地回去给它喂奶。幼崽度过这个早期阶段后，会变得具有群体性，我们通常会看到由10只左右的幼崽组成的群体，并有2~3只成年者陪伴。当母长颈鹿不在周围的时候，幼崽那高度敏锐的视觉能发现大约1千米外的危险物。当一只幼崽遭受侵袭时，它的母亲通常会站在它的附近保护，并用前后蹄猛踢侵袭者。这是有效的防御，尽管一群狮子常常最终取得胜利。

快要成年的长颈鹿会加入相互盘绕脖子的竞赛，这个时候一方会缠绕住对方的脖子，并用头撞对方，这个过程要持续30分钟或者更长，但这显然是一种友善行为。这种行为有助于每个年龄段的雄性建立其等级秩序，而且为这些年轻的长颈鹿提供了加强它们颈部肌肉的练习机会，可以以此来提高它们抵御危险的能力——当它们成年以后这些能力具有相当重要的意义。雄性长颈鹿很少卷入激烈的争斗之中，但是一旦卷入就会非常严重。它们会互相摇摆头部，然后向着位置较低者冲击以击打对手的腹部，位置较好的雄性长颈鹿能使重1 500千克的对手失去平衡。并且如果两只长颈鹿的头一齐撞，会进而伤害其眼睛和角。很明显，长颈鹿的头脑可以容忍包括不断的撞击和猛烈弯成弓形及每次冲击造成的震荡。不用惊讶，因为在长颈鹿的颅骨里有结实和多层次的沉积骨，并且在年龄大者的眼眶到角上都有这种形式的骨头沉积。成年雄性的头以每年1千克左右的幅度增长，到了20岁左右的时候能长到30千克。雌性的头8岁之后是17千克左右。一些研究者认为，脖子的角力和头的撞击是很奇异的，明显是雄性建立统治地位要付出的代价，那些长脖子可能是性选择引起的，也就是说有长的和肌肉强健的脖子的雄性可以更有保证地获得交配机会，而并不是为了更易获得食物。很难确定这个假设的确切性，因为长颈鹿的进化历史离我们很远。但是紧接着就有一个明显的疑问，那就是雌性长颈鹿也有很长的脖子，并且根本不用来打斗。

长颈鹿用它们敏锐的视觉和身高

↘这是罗得西亚长颈鹿亚种的一只幼鹿。随着渐渐长大，它那精巧的解剖学结构特征会变得越来越明显，它的脖子会按照特定比例变得越来越长。

↗ 一种被大多数年轻雄性长颈鹿仪式化的战斗方式就是盘绕脖子式的比拼。它们用角和头作为武器，颈部慢慢地缠绕住，从一边到另外一边，就像一场武装摔跤。在一个地区，只有最强壮的成年雄性长颈鹿才有资格与成年雌性交配。

的优势来保持联系。它们的发声，至少在人类能听得见的范围以内，是难得一听的，只有在很危急的情况下，譬如有掠食者威胁时才用。那时成年长颈鹿会吼叫或喷鼻息，幼崽有的时候则哀鸣。

当一队长颈鹿全站着凝视着相同的方向，耳朵高高竖起时，这是一个十分显著的信号，表明它们正在监视掠食者。狮子是长颈鹿的主要捕猎者，即使是成年长颈鹿狮子有时也能将其扑倒。狮子的战略是把它的猎物驱赶到凹凸不平的地方并迫使其减速或失去平衡。

由于长颈鹿的体型比较大，一群狮子能够依靠一头长颈鹿的肉维持几天的生活。在克鲁格公园，长颈鹿的肉占狮子食物总量的43%，多于其他种类的猎物。雄性长颈鹿似乎更容易遭受狮子的攻击，在克鲁格公园被狮子猎杀的长颈鹿的雌雄比例是1∶1.8。其中的原因可能是为了寻找交配机会，雄性长颈鹿常独自游走于各个群体之间，因而缺少群体警戒。

这也导致了成年长颈鹿之间性别比例失调，如在塞伦盖蒂和克鲁格国家公园，雌性长颈鹿的数量几乎是雄性的2倍。

瞪羚、侏羚羊和高鼻羚羊

动物学家把瞪羚、侏羚羊、高鼻羚羊这些反差强烈的动物归为一类，让人无法理解，因为其中既有数量最多的，也有数量最少的，还有人们研究得最少和最多的有蹄哺乳动物。它们栖息在各种各样的环境里，从茂密的森林到沙漠和岩石裸露地，跨越从南非到中国东部的三个动物地理区域。

总的来说瞪羚和侏羚羊的腿很细长，眼睛很大，早已被视为哺乳动物中最漂亮的动物之一。现在人们将它们与头长得像羊一样，身体矮墩墩，看起来很笨拙，形象“丑陋”的高鼻羚羊分为一类，似乎有些难以理解，因为很少有人见过这种行动异常迅捷的羚羊全速奔跑的样子。

● 角和蹄

羚羊族中所有种类的外形长得都非常相似，大多角呈S形，有环纹，用来和同性竞争而不是与掠食者对抗。角的结构复杂，使它们能够参与角力和打斗，使得它们在与对手的竞争中不会造成致命的身体伤害而仅限于力量的较量；角上的环纹确保角不会滑动，以免造成伤害。

一般情况下，羚羊族身体的上部呈浅黄褐色，下部呈白色，只有印度的黑羚是一个例外，其雄性3岁后身体上方为明显的黑色。身体的这两种颜色形成鲜明的对比，可充当保护色，以尽量减少被食肉动物侦测到的危险。长颈羚和沙羚身体特别娇小，颈部和腿部比较长。

羚羊族的栖息地比侏羚羊更开阔，所以更加依赖视觉信号。有些种类，如跳羚和汤氏瞪羚、红额瞪羚，长有明显的黑色边带。这些黑带有3个功能：可作为视觉提示使群体中的个体互相保持联系；当有成员逃走时可以作为警报信号；能够打乱群体中

↗长鼻子是小羚属的突出特点。该属羚羊的另一个特点是前额有一丛毛发，有时会掩盖住雄性的角。我们还可以清楚地看到其位于眼眶前方的腺体。

个体的轮廓。所有的羚羊族种类的臀部都是白色的，尾巴的末端至少有一些黑色，有一些或明显或不明显的条纹。

羚羊族的一个特点是习惯了跳跃：腿反复地直直地跳，四肢着地。跳跃可能是因为恐慌，也可用以传达给其他个体有掠食者要攻击它们的信号，或者用以迷惑或恐吓潜在的掠食者，从而打消它们进攻的念头。这种跳跃在跳羚中最普遍，它的名字就是因此而来；它们的背部还有一条白色条纹，跳跃时这条白纹上的毛也直立起来。

羚羊族的视觉和听觉都相当发达，这反映在头骨上就是有大的眼眶和大的外耳空间。除了鹅喉羚、

知识档案

瞪羚、侏羚羊和高鼻羚羊

目 偶蹄目

科 牛科

亚科 羚羊亚科

3 族 14 属，32（或 38）种。包括跳羚、汤氏瞪羚、葛氏瞪羚、石羚、喀氏小羚羊、高鼻羚羊等。

分布 非洲、中东、印度次大陆、中国、俄罗斯。

栖息地 多样，从浓密森林到荒漠，从大草原到岩石地带都有。

体型 体长从倭新小羚的 45~55 厘米至达马瞪羚的 145~172 厘米；前者体重为 1.5~2.5 千克，后者为 40~85 千克。

皮毛 毛短，有的粗糙，有的柔滑；有些种类身上有显眼的斑点和条纹。

食性 吃各种草、嫩芽、树叶、蓓蕾和果实。

繁殖 瞪羚怀孕期为 150~225 天，侏羚羊 180 天，高鼻羚羊 140~145 天。多数瞪羚和侏羚羊每胎只产 1 崽，高鼻羚羊每胎产 2 崽。

寿命 人工圈养的跳羚和黑羚能活 18 年；侏羚羊约活 13~14 年；高鼻羚羊在野外可存活 10~12 年。

黑羚、长颈羚、沙羚外，与侏羚羊不同，大部分雌性瞪羚都有角。导致这些变化的原因之一可能是角能够保证雌性瞪羚获得并保护好更好的食物，尤其是在冬季或旱季。

侏羚羊所属的新小羚族的共同特点是：第一，它们的体型较小，母羚羊比公羚羊大10%~20%；第二，它们倾向于独居或成对居住在一起，有领地；第三，它们具有发达的腺体，用来做气味标记（尤其是用位于眼眶前方的腺体）。只有公羚羊有角，唯一例外的是东非的岩羚，其母羚羊的角很明显，因为它们需要经常争斗以维护其领地。

雌性侏羚羊比雄性侏羚羊体型大，这在有蹄类动物中是很不寻常的。在它们的栖息地内，雌性侏羚羊的领地会尽可能地扩大。因为它们有额外的负担——养育幼崽，这对刚生下来的幼崽也是很有利的。另一方面，对于侏羚羊中体型比较大的种类来说，自然选择的压力比较小，因为雄性羚羊之间的竞争比较小，它们要么独自生活，要么雌雄成对生活，终生待在一起，因此也没有必要跟雄羚羊竞争。

那些栖息在植被茂密地区的羚羊，像贝氏新小羚，有蹲伏状的野兔型外表，后腿长而有力，背弯曲，脖子短，这种体型适合在茂密的植被中间快速运动。其他种类羚羊的生活环

南非的老人依旧能够回忆起从前时候的情景：大群的跳羚要花费几天的时间才能穿过人们的农场。

境更加开阔，因此以敏锐的视力侦查掠食者的出现显得非常重要，这就要求它们直起身子，伸长脖子和头以四处张望。

岩羚是个例外，它的背也成拱形，使它能四肢挤在一起站在小石头上。其皮毛很轻，毛空心，可以抵御寒冷并避免岩石伤害到身体。它们的蹄很有弹性，外面有一些坚硬的环，可以抓住石头。

小羚属羚羊长且能动的鼻子像个热交换机，可以冷却流向大脑的血液。这是一系列调整过程的结果(包括排出非常干燥的粪便和有蹄类动物中最浓的尿液)，这使得它们能够在远离水源的地方生存下来。

与瞪羚相比，高鼻羚羊身体臃肿、沉重、粗短，靠短而细的蹄支撑着。它们的鼻子像个小仓库，纵向有一些无规则的凹槽，皮肤很薄。当它们休息的时候，鼻子耷拉下来，但是跑起来的时候鼻子会左右摇摆。这样的鼻子是有益的，尤其在冬天，当气温降至零下40℃的情况下，鼻子可将空气预先加热然后进入呼吸系统。

当高鼻羚羊跑起来的时候鼻子也起到另外的作用。一大批高鼻羚羊常不慌不忙地笨拙地出现在人们的视野里，但是从比较好的视角看它们好像是离开地面飞行——事实上，它们是世界上奔跑最快的动物之一，可达到70~84千米/小时。它们跑起来步态僵硬，扬起大量的粉尘，这个时候鼻子就起到了作用，可以将进入呼吸系统的空气滤去灰尘。

大多数鹿或羚羊在奔跑时若遇到危险会躲开，而高鼻羚羊则通常沿直线奔跑。它们这样跑是因为它们的肩关节只能前后运动，这样在平地矮树丛中可以跑得很快。所有这些都是向着先进的方向进化的，尽管这种方式对奔跑中的高鼻羚羊没有提供任何反抗敌人的措施，使掠食者可一直沿直线追逐高鼻羚羊并更易得手。高鼻羚羊很善于游泳，可横渡伏尔加河这样的大河。

高鼻羚羊的眼睛又黑又大，很漂亮，但是视力很差，所以嗅觉和听觉就显得很重要。它们的大鼻孔可以嗅到雨后泥土的气息，感知到被雨水冲洗过的草的位置，从而改变前进的方向。雄性高鼻羚羊的角有22~40厘米长，可充当武器保护自身。雌性高鼻羚羊通常没有角。由于角是由骨细胞核组成的，这使其看起来又黄又瘦。它们的身体呈竖琴形，幼崽的“竖琴”顶端还是黑色的。

• 食嫩枝叶和草

羚羊族是混合的进食者，尽管主要以嫩枝叶为食，但也吃草和木质植物，只是其量取决于这些植物的可得

侏羚羊和瞪羚的种类：1.汤氏瞪羚；2.喀氏小羚；3.倭新小羚，最小的羚羊；4.侏羚，在用耳朵腺体做标记；5.石羚，位于眼眶前方的腺体能散发气味；6.黑羚，正摆出防御领地的姿势；7.细角瞪羚；8.藏原羚；9.达马瞪羚，最大的瞪羚；10.鹅喉羚；11.跳羚，善于跳跃；12.处于警觉状态的沙羚；13.岩羚，在维护自己领地的边界；14.大耳小羚羊。

性。一般来说，只要是绿的植物它们都吃，所以在初春当草开始发芽的时候，它们会大量吃草。汤氏瞪羚几乎只吃草，它们食物的90%是草类。长颈羚以嫩芽和树上的叶子为生，尤其是金合欢树的叶子。为了吃到比较高处的叶子，长颈羚的腿和脖子长得很长，还会后腿直立起来用前腿靠在树上吃树叶。

新小羚族之所以体型小，与它们的饮食有很大的关系。除了侏羚以外，所有的种类都吃草，这是自然选择的结果。它们吃纤维含量低的易消化的植物，比如说新长出来的绿叶、嫩芽和野果。体型比较小，就提高了每千克身体对新陈代谢的要求，所以，小的食草动物比大型食草动物所需摄入的食物比例还要高。对于反刍动物，食物摄取率取决于食物停留在胃里的时间，但是对于侏羚羊来说，食物在它们的胃里停留的时间非常之短，所以它们必须吃营养特别丰富的食物。

在食性上，高鼻羚羊是一种吃各种草的食草动物，它们吃的草共有150多个不同的种类，包括各地的非禾本草本植物、低灌木和草原上的草。高鼻羚羊还能吃一些对家畜有毒的植物，冬天则吃粗糙而又干枯的树枝、树叶。

保卫领地

所有的瞪羚中，雄性都建立领地，至少在繁殖季节如此。在雌性发情时，它们会积极果敢地把其他成熟的雄性赶走。瞪羚中有4种群体样式：单个建立领地的雄性瞪羚；带着它们最近出生的幼崽的雌性瞪羚，有时还和有领地的单个雄性组成一群；没有领地的不繁殖的雄性组成的“单身汉”群体；包含不同性别和不同年龄段的混合群体，这一般出现在非繁殖季节。这4个类型中有一定比例的混合。雄性瞪羚用它们的尿液和粪便圈划自己的领地边界，大多数种类用位于眼眶前部的腺体的分泌物圈划自己的边界。处于从属地位的雄性瞪羚当在领地内行走时也将它们的粪便堆积起来，这能被领地持有者容忍，只要它们保持处在从属地位，且不会“不怀好意”地靠近雌性瞪羚。

瞪羚之间争斗的最低形式开始于将头抬起来，下巴上扬，角靠在后背上，这在体型比较大的瞪羚中最常见。两只雄性瞪羚背对背并排站着，下巴上扬，将头转过去，然后，突然同时移动它们的头，面对面瞪着对方。如果情况再糟糕一点的话，它们之间的争斗将进一步加剧，下巴低下，角直立。下一步就是头抵到地面上，角指向对手。一些瞪羚，像沙特阿拉伯的沙羚和山瞪羚，会进行空中撞击：两只羚羊分开30厘米站立，头连续不断地撞击对手，致使对手没有空间后退。沙羚之间的争斗尤其剧烈，如果对手不向后退的话，撞击将不断增强。

一般来说，争斗包括将头抵在地上，用角“锁住”，然后向后推挤和

对于小羚属动物来说，用粪堆做成标记有时会成为一种仪式：雄性会把雌性的排泄物刮擦掉，然后自己再排泄在同一个地方，以此作为标记。

摔滚。在任何时候，一方都可以用跑开来表示臣服。有的时候两只瞪羚之间的争斗会被简单的仪式所打断，那就是双方在打斗之前假装吃草。单身雄性羚羊之间一来一回的“拳击战”十分普遍，这不会导致双方地位的变化，但是无疑会给它们增长经验。偶尔会出现激烈的邻近领地的雄性瞪羚的打斗，这会导致受伤。有领地的雄性瞪羚会用下巴展示的方式把雌性聚集在一起，但是如果雌性决定离开的话，雄性既不会阻挠也不会挽留。

瞪羚比侏羚羊得到的食物多，所以它们能够承受更多的雌性居住在它们的领地上。相应地，每个雌性的交配对象会比较少，雄性争夺领地的竞争也会多一些。

在寒带与温带地区，瞪羚的生育有季节性，以便生育能与春天植被发芽和降雨相一致。雌性瞪羚会离开族群单独分娩，幼羚羊生下来的头几个星期和母羚羊生活在外边，一旦它们跑得足够快，就会再次加入族群。

侏羚羊的天敌很多，包括许多猫科动物，甚至蟒蛇都是它们的天敌。侏羚羊幼崽有时还会被大狒狒和猛禽吃掉。通常情况下，它们依靠隐藏加逃跑的办法逃脱敌人的攻击。在高大的草丛中，侏羚会面无表情地躺着一动不动而逃出敌人的“魔掌”。但是

↗ 雄性石羚的角很光滑，没有环纹。这一物种的雄性之间争斗相当激烈，甚至在人工饲养条件下也必须分开饲养。

如果草很矮，它们逃跑时会一跳一跳的，像瞪羚一样。侏羚、岩羚发现敌人时都会发出警报，雄性岩羚和雌性岩羚分别聚集在一起，仅分开几米远站着，这可以阻止敌人进攻，可能是因为这种阵势让敌人知道它们已经被发现了。

通常情况下，新小羚族物种一般独居或一雄一雌成对生活。雄性羚羊在抚养幼崽方面很少或根本不参加。大多数情况下，这种“夫妻关系”是终身制的，但如果雄性羚羊死了，雌性羚羊可寻找新的伙伴。侏羚是该族成员中已知的唯一有稳定不变群体的，但是其他属的新小羚族多是一雄一雌制的。

为了寻找到分散的食物资源和逃脱敌人的视线，羚羊需要非常熟悉自己居住的地方，这就难怪它们会待在同一地区，维护其地盘不受外来者侵占。

雄性羚羊和雌性羚羊都会攻击外来入侵者，尤其是攻击同性的外来者。尽管它们攻击对手时一样激烈，但是雄性新小羚族成员很少参与到与对手的战斗中，一般只是象征性地参与一下。小羚属成员的两个耳朵之间长有毛，直立起来可以威胁对手，同时可以鞭笞其他个体的角。

羚羊一年四季都会生育，但是高峰期却要与雨水充足后植被繁茂的季节相一致。在赤道地区，一年有两个雨季，就相应出现两个生育高峰。一般1胎只产1只幼崽。幼崽在出生后的最初几个星期里会被藏起来，由母羚羊来哺育它们，并用特定的声音召唤它们。在小羚属里，雌性在6~8个月大时分散离开出生地，不久就进入第一次发情，这也许是为了避免与它们的父亲交配。在体型更小的种类里，雌性在6个月大时性成熟；体型较大的10个月性成熟。雄性小羚属羚羊离开出生地比较晚，一直等到可以得到领地以后才离开。当下一代雄性羚羊性成熟后，会越来越多地受到同一片领地内雄性羚羊的攻击。它们的反应比较“低调”，多数表现为顺从，最终在9~15个月大时离开原来的居住地。

小羚羊

喜欢旅行的人几乎在撒哈拉沙漠以南非洲的任何一个地方，都能看到一些小型或中型的羚羊窜进浓密的森林或灌木丛，它们是小羚羊——在南非语中的意思是潜伏者，有这样的名字是因为，当受到打扰时它们喜欢逃到隐蔽的地方。

从它们的南非语名字可以看出，小羚羊很胆小，它们会尽力避开人类。它们的身体适合逃跑——前肢比较短，后肢比较长，身体呈弓形，这些使它们很容易穿过浓密的植被。

在这只来自南非的红麂羚身上能清楚地看到眼睛下面的大气味腺。通过将腺体与物体摩擦来做标记的时间和频率因种类的不同而不同。

非洲最原始的羚羊

雄雌小羚羊在外表上很相似，但是雌性常比雄性长4%；它们通常都有短的圆锥形的角，但是雌性有时没有。小羚羊的毛常常略带红色，但有些种类是蓝灰色和黑色，或者是有斑纹的。在所有羚羊中，相对于体型而言，小羚羊的脑量是最大的。

小羚羊的化石不多见，但是现存的种类中仍然保持着在早期牛科动物化石中发现的特征，有时它们被认为是非洲现存最原始的羚羊。

尽管有些种类喜欢栖息在有一些松散的灌木覆盖的空旷地区，但是更多的小羚羊喜欢生活在浓密的森林中，这使它们的生态习性和历史演变等很难被人了解到。黄背麂羚黑夜和白天都很活跃，但蓝麂羚只喜欢在白天活动，黑背羚则只在晚上活动。小羚羊主要吃嫩枝叶，由于体型相对比较小，需要质量很高的食物。它们以树叶、果实、嫩芽、花蕾、种子和树

知识档案

小羚羊

目 偶蹄目

科 牛科

共2属17（或19）种，有栖息在森林中的羚属，它含16种，包括蓝麂羚、黑背麂羚、麦氏麂羚等；还有栖息在大草原或灌木丛的丛麂羚属，它只有1种，即丛麂羚。

分布 非洲撒哈拉以南地区。

栖息地 主要在稠密的森林和灌木丛。

体型 体长从蓝麂羚的59~72厘米到黄背麂羚的115~145厘米；尾长从前者的7~12.5厘米到后者的11~18厘米；体重从前者的4~6千克到后者的45~80千克。

皮毛 通常为略带红色的，但有些种类为蓝灰色、黑色或有条纹。

食性 主要吃树叶、水果、嫩芽、花蕾、种子和树皮；也偶尔吃昆虫、小鸟和啮齿类。

繁殖 红腰麂羚和黑背麂羚的怀孕期为7.5~8个月。

寿命 野生的未知，人工圈养的10~15年。

↘ 小羚羊的代表种类。1.丛麂羚，它逃到了草丛中；2.黄背麂羚，显示了臀部的黄色斑块；3.雄性斑纹麂羚，在用眼部下面的气味腺给小树苗做标记；4.长头麂羚在哺乳；5.雄性麦氏麂羚，它能把气味擦在另一个雄性的身上作为战斗的序曲；6.红腰麂羚，在吃一只鸟。

皮为生。它们寻找食物的一种方法就是跟着一些吃果实的鸟和猴子，吃它们掉落的果实。令人惊奇的是，它们有时会偷偷地接近并捕获一些鸟类和鼠类，偶尔也会吃昆虫甚至腐肉。在一项对蓝麂羚的研究中发现，其胃中的蚂蚁超过胃容量总干重的10%。

• 配对生活

小羚羊不是群居动物，经常是单独或成对生活。在野外，蓝麂羚是真正的一雄一雌配对生活，它们成对栖息于一个很小的区域，其固定领地不允许同类的其他雄性或雌性进入。在人工圈养条件下，雄性麦氏麂羚（褐麂羚）十分不能容忍其他的雄性，会将其驱逐开，而雌性麦氏麂羚会驱逐那些进入它们领地的雌性。通过对人工圈养条件下的小羚羊的观察，发现其他种类的小羚羊也是一雄一雌配对生活的。

一雄一雌制在哺乳动物中相对比较少，尤其雄性有时还要照顾幼崽。年幼的小羚羊在更长的阶段里会留在“家庭”中，在此期间它们还会照顾比它们小的“弟弟妹妹”。这种形式叫做专性的一雄一雌制。在其他的一雄一雌制的种类中，雄性往往把照顾幼崽的大部分任务留给了雌性，有时年幼的个体在下一胎幼崽出生前就会离开群体（叫做兼性的一雄一雌制）。在专性的一雄一雌制中，像狨猴一样，雌雄配偶经常一起吃食物，一起休息。蓝麂羚和麦氏麂羚是兼性的一雄一雌制，雄性和雌性觅食是分开的，但是它们常在相隔很近的地方休息，并保护它们共同的领地。

小羚羊每胎只产1只幼崽，分娩之后雌小羚羊很快会再次怀孕。幼崽出生后的前几个星期内和母羚羊在一起的时间很短，而是经常藏在植物丛中。蓝麂羚幼崽在出生1年后会达到性成熟，在第2年它们就会离开父母寻找自己的配偶和领地。其他体型比较大的种类要更长的时间才能达到性成熟。一些种类如斑纹麂羚和麦氏麂羚，幼崽和亲代的颜色很像；年轻的长头羚和黑背羚的外表很相似，是统一的深褐色；黄背麂羚直到1个月大时臀部才有黄色斑块，到10个月大时黄斑才能发育完成。

小羚羊在每只眼睛下面有大的气味腺，这些腺体的结构有别于其他羚羊身上的眶前骨腺体的结构。在有些种类中，其分泌物呈清亮色或者蓝色，通过一系列的毛孔被挤压出来，而不是通过一个单独的大通道。在人工圈养条件下，很多种类的小羚羊会在栅栏上、树上及其他附近的物体上擦掉这些分泌物，这通常被认为是标记领地用的。这一行为在一些种类的小羚羊中十分普遍。在人工圈养条件

一对斑纹麂羚正在互相梳理毛发，显露出明显的黑色斑纹。生活在从塞拉利昂西部到科特迪瓦中部低地森林中的这些动物，已被世界自然保护联盟（IUCN）列为易危级。

下，麦氏麂羚可以每10分钟标记6次。

麦氏麂羚还会互相挤压这些腺体，从一侧到另外一侧，这种行为可称做互相标记。在人工圈养条件下，很强烈的互相标记被认为是雄性之间战斗的序幕。

• 野味交易的威胁

现在最稀少的种类是桑岛羚，已被IUCN列为濒危级。其他大部分羚物种现在也都被IUCN列为不同级别的保护对象，都面临着很大威胁。主要的威胁来自当地人的野味交易。这些动物的肉非常为人所喜爱，同时小羚羊在夜间很容易被灯光弄得眩晕，这使得它们相对比较容易被射死或者被捕获。一些种类也会被驱赶到网内而被捕获。

在很多地区，小羚羊现在是可食用野生动物交易的主要组成部分，同时有证据显示它们常被过度猎杀而不能维持种群的稳定。比较令人气愤的是，有些猎人为了充实他们的收获，连比较小的小羚羊也不放过。

野牛和旋角羚

野牛与四角羚和旋角羚同属于牛科的牛亚科。初一看，这3个族群没有什么共同点，但是进化分支和表现型分类法的分析，表明它们存在结构上的相似性，而且它们几乎都没有占领领地的习性。

野牛和旋角羚都与现今的四角羚和蓝牛羚有相似之处。从数量上看，野牛相对于那些被驯化的牛群来说是很少的——在世界上有超过10亿头的驯化牛，但是野牛却很少，而且现存的很多种野牛正受到威胁。不过即使在偷猎的重压下，旋角羚最近的遭遇仍稍微好了些，这部分是因为它们比较怕人、难捉摸的天性，使得它们成为被打扰最少的羚羊族群之一。

• 分类学的难题

野牛包括现存的牛科中体型最大的成员。虽然它们从蓝牛羚族进化而来这个说法不存在争议，然而，它们是单系群体仍不太可能，它们很可能是一系列平行进化的结果。实际上，一些生物学家认为应该为蓝牛羚族和牛族起一个统一的族群名字。

现今的家牛是从原牛传下来的，这种家牛的祖先其分布地域从大西洋沿岸到太平洋沿岸，从北部苔原到印度、北非地区（毫无疑问该物种在不同的地方独立地被驯化，另外，有些权威人士认为印度的原牛属于独特的种群，或者应该是独立物种）。但是由于农业的蔓延，它们的数量下降了，最后一头原牛死于1627年。白臀野牛（爪哇野牛）、亚洲野牛、牦牛、水牛也都已经被驯化，并且驯化还进入了实验阶段。在中国和尼泊尔，家牛和牦牛的杂交在经济上具有重要意义。为了发展野牛和家牛杂交（被称为杂种牛）的种类，北美国家也做了很多努力，但是这些杂交牛的雄性后裔却不能繁育。在很多地方，驯化的动物又跑回到大自然。在澳大利亚的北部，有成千上万头野生的水牛和白臀野牛自由生活着，在19世纪那里的军事据点被放弃后，这些动物的后裔们却留了下来。

动物的进化史和种族关系，非专业人员可能不感兴趣，但是分类问题却更具有实际的重要意义。例如，美洲野牛通常被分为2个亚种——森林野牛和平原野牛，但最近的证据指出，环境因素是造成它们皮毛不同的原因，从它们线粒体DNA中得到的基因数据也表明它们是不应该被分成两个亚种的。这对自然资源保护论者来说是一个严肃的提示，因为森林野牛被认为是有灭绝危险的。此外，一些生物学家已经得到一些其他证据，指出美洲野牛和欧洲野牛事实上是同一个物种（应该被放到牛属而非野牛属）。这也为保护问题给出了严肃的提示，因为欧洲野牛目前已被IUCN列入红色名单中的濒危级，但如果将这两种野牛视为一个物种的话，几乎完全有可能被CITES（华盛顿公约）和IUCN降级保护，这两大动物保护组织会根据其在贸易中的地位和现存量而决定其保护等级。

不幸的是，美洲（欧洲）野牛不是牛族里唯一的一个问题组群，还有很多小型野牛（倭野牛）也面临如何分类的问题。这些小型野牛是只产于苏拉威西岛的小型水牛，按照惯例，低地倭水牛和山地倭水牛已经被IUCN列为濒危级。这两个物种的区别已经引起了挑战性的关注，目前基因和生物化学研究已经就将其分为两个物种的正确性提出质疑。然而对这项研究的准确性很难判定，因为样本都是采自动物园里的倭水牛，有些样本还可能是通过杂交传下来的。最近，另外

↗ 一只非洲水牛与两只黄嘴（或红嘴）牛椋鸟。黄嘴牛椋鸟能啄食藏在水牛身上的寄生虫，它们还会发出叫声以警告水牛危险来临了。

一些来自苏拉威西岛的研究者指出可能存在第3个种类的倭水牛。

20世纪90年代在中南半岛发现一个牛科的新物种，给分类学增加了难度。1992年武广牛（长得像羚羊）引起了科学家的注意。它与其他牛科种类从外貌、生态学、DNA排列上都不一样，这个物种随后被命名为中南大羚（武广牛）。基于从熏制的皮毛样本中提取的线粒体DNA的初步分析，结合其他生态学证据，确定它属于牛亚科。最近的绝大多数分子分析都毫不含糊地证明这种归类是正确的。

第2个迄今都还未知的中南半岛物种的“发现”，对过分热心的研究者来说是个警戒性的事件。1993年，动物学家们走访了越南和柬埔寨，在偏远地区的交易市场上发现了几副不寻常的螺旋形的角，最终推断它们是一种难以捉摸的牛科动物的角。据说它们长期生活在这里的森林里，这种动物用高棉人的语言叫“Khtingvor”。20世纪30年代，在同一个地区的一个猎人那里曾经发现了与这种角相匹配的腿骨，这些腿骨被鉴定来源于林牛。虽然当地有大量的轶事证明有大量的“Khtingvor”存在，但是没有一个生物学家亲眼看到。然而，科学家还是给了这个新物种一个科学名称“Pseudonovibos spiralis”，并把其归为羊亚科或牛亚科。但是，2000年法国研究学者对角样本做了细致的检查，发现这些角是伪造的，是通过加热和扭曲牛角制成的。

知识档案

野牛和旋角羚

目 偶蹄目

科 牛科

亚科 牛亚科

分3个族9个属，至少有24种。牛族包括水牛、美洲野牛、牦牛；蓝牛羚族包括蓝牛羚；薮羚族（旋角羚）包括普通大羚羊、大旋角羚羊、山薮羚。

分布 北美洲、非洲及南亚、东南亚、欧洲的一部分。

栖息地 从高山苔原到热带雨林，也有的靠水栖息。

体型 从体长1米的四角羚羊到2.4~3.4米的非洲野牛；从体重20千克的四角羚羊到1.2吨的白臀野牛。

皮毛 从毛发厚重的山栖牦牛到毛发很短的非洲草原羚羊，随着栖息地的不同，体毛的厚重程度也不同。羚羊的体色通常与周围环境相近，以保护自己。

食性 野牛主要食草；旋角羚食树叶、花蕾、花瓣、水果、根和长荚的种子等等。

繁殖 野牛的怀孕期大约为250~300天（非洲野牛为340天），旋角羚的怀孕期大约为220~170天。

寿命 人工圈养的野牛最长能存活30年。野生的蓝牛羚族中，野外的蓝牛羚能够存活10年，但是人工圈养的能超过20年。人工圈养的旋角羚最长能够存活20~25年。

旋角羚具有性别的二态性。雄性旋角羚要为打斗做准备，要适应处于统治阶层的生活，因此自身长了“武

↘ 一些野牛和旋角羚的代表物种（所列的动物均为雄性）。1.蓝牛羚在奔跑；2.原牛，现今所有驯化牛的“祖先”；3.普通大羚羊；4.野水牛，是牛科中角最长的物种；5.美洲野牛，它正从侧面威胁另一只雄性野牛。

器”，雌性旋角羚则在遗传方面有更多形态。

一层角蛋白(还没长成的角)覆盖着骨质核心的螺旋角，在脸部平面之后，长出各种生动的螺旋形。这些角随物种不同，长度是变化不定的，从薮羚的20厘米到德氏大羚羊或大旋角羚的接近1米。当一头旋角羚飞奔进灌木丛，头向前、角向后可以毫无阻碍地沿着道路穿过带刺的矮树丛。

当羚羊受到袭击的时候，它们的角会成为强大的武器，能保护它们身体的大部分；在面对其他雄性同类时，除了角的大小外还要看体型大小，这是确定羚羊的主导地位的关键因素。不过事实上短而直、更有劲的普通大羚羊的角更适合展开搏斗，当面临稀树大草原中狮子等食肉动物时更有搏斗能力。

羚羊有极好的听觉和敏锐的视觉，但是嗅觉却差得令人惊讶。它们的外表是牛科中最漂亮的，有又深又窄的胸腔，高昂的头，又细又长的四肢，在面部、颈部、腹部和四个蹄子以上部位都有与众不同的白色条纹，头顶和喉部有垂肉，雄性的更明显。这些毛色很丰富的牛科动物从红色到几乎全黑色均有，在它们生存的任何地方（森林、河边的灌木丛、沼泽地等等），都能模仿周围的绿色植物和森林中的亮色斑点。灰色的旋角羚终年隐藏于金合欢树林的少叶灌木丛中，而山薮羚藏匿在海拔3500米的石南花和刺柏丛中。非洲大羚羊的幼崽其毛色与褐色和黄色相间的草原颜色极其相近。

对于长距离的奔跑，羚羊通常并没有什么优势，因而把自己伪装起来会更有利。但大羚羊却是一个超级长跑健将，即使是体重超过0.5吨的成年大羚羊。

除了沙漠，羚羊在非洲大陆的每一个主要栖息地都有代表性的种类，但是它们大多数在林地和稀树大草原的过渡地区成功地利用那些小环境。不同的物种对环境有截然不同的偏好，泽羚喜欢芦苇河床（潮湿地区），小旋角羚喜欢南非的干旱金合欢树林，而大旋角羚通常会出现在非洲南部、东部、中部丘陵林地的乡村地带。安氏薮羚喜欢栖息于撒哈拉以南非洲有茂密植被的地区，但是山薮羚只局限在埃塞俄比亚一个地区的草原、森林内。紫羚有夜间活动的习性，穿梭于林间空地或森林边缘的灌木丛或者低植被中，白天则掩藏于森林深处。

• 吃草，吃嫩枝叶，打滚

野牛主要是草食动物，虽然嫩枝叶也是很多物种的重要食物来源，尤其在可食草料极为有限的时期。在草食动物的进化中反刍是一个重要的适应性成果。植物体的主要组成部分是纤维素，要把纤维素转化成可消化的碳水化合物，这种方法比任何其他方法更有效。反刍胃很复杂，分为很多种形式，每一种形式都有它各自的消化作用。这种多样性使得反刍动物比其他任何一种草食动物在生态小环境上都有更多的多样性。

牛族有一排宽大的门齿和结实

↗ 雄性大旋角羚的角从头到尖能超过1米长，这还是直线距离；如果测量曲线距离的话，可能会再长30%。

的臼齿，能消化大量的粗糙植被。它们的舌头具有可盘卷性，能够更有效率地吃进更多的草料，一次可以卷住一大把草料。牛族物种吃起很短的草来就没有这么高的效率了，在这样的环境下就会被小型的食草动物淘汰出局。所有的牛族物种或多或少都需要水，又缺乏有效的方法来保存体液，所以就需要经常性地饮水，虽然牦牛和美洲（或欧洲）野牛能通过吃雪来获得水。

有些物种也会打滚，最显著的属水牛，在那些没有大水塘的地方，水牛会显得有些情绪低落。打滚具有调节体温的功能，因为水牛身体上的汗腺比真正的牛要少，通过蒸发汗液来降温是起不到多少作用的。

泥浆能使动物降温，一些报道指出，打滚是水牛生存必需的，但是对于澳大利亚野生的水牛来说这个结论并不成立。结果表明，当限制水牛打滚之后，它们的行为更像普通的牛，喜欢寻找阴凉的地方。打滚还有另外一个功能，就是能够为水牛的身体抹上一层厚厚的泥浆外套，保护它们不被昆虫叮咬。

四角羚和旋角羚对叶子、花蕾、花瓣、水果、树皮、根甚至种子都有选择。只有大羚羊和山薮羚有食草的倾向，但是它们比最正宗的草食动物要挑食得多。它们高度依赖不平常的反刍胃在反复无常的气候中存活，尽管它们的种群密度相对比较低。高效的消化功能使得它们能够在非洲高海拔的很少有其他哺乳动物生存的小环境里生活。

群体和集结

野牛大多数成群生活，虽然这在民都洛水牛中不太可能，另外，倭水牛和武广牛也或多或少是独居的。在群居者中，雌性野牛一生都会待在由雌性组成的稳定群体中，这种群体包括母牛和它们的后代及更下一代。年轻的公牛通常会在3岁时离开。这些群体的规模在白臀野牛、亚洲野牛和在森林栖息的非洲野牛中都比较小，典型的最多有12头。美洲野牛和欧洲野牛通常有更大的群体，可达20~60头。在所有这些物种里，会形成临时的集群，尤其在繁殖季节，或在特别有利的觅食区里。非洲野牛的南非亚种尤其喜欢成群结队，有些地区可能会超过1 000头。成年公牛几乎都独自生活或结成松散的团队，这被称为“单身汉群”，但是在母牛的发情期里，它们会融入那些雌性群体里。

在势均力敌的情况下，为了避免危险的战斗，公牛必须能够评估各自的战斗潜力。由于面部的肌肉组织不能有丰富的表情，只好用姿势和运动来代替。很少有竞争上升到剧烈的战斗，因为这样会带来严重的伤害。

牛亚科动物的角能非常有效地防御食肉动物。一群南非野牛受到狮子的攻击时，它们的反击是很有力的。野牛群能提供有效的保护，即使是盲的、跛足的甚至三条腿的个体都能够在群里存活。但是老虎却经常能捕猎到已成年的亚洲野牛，狮子也能够捕食到单独生活的非洲野牛。

群体生活事实上不完全是为了防御食肉动物，群体还能有效提供很多的共享信息，比如能够发现更好的觅食区。非洲野牛甚至可以采用一个特殊的姿势来为休息和反刍之后的前进方向进行“投票”。

旋角羚也有灵活的社会生活。泽羚、薮羚、安氏薮羚、小旋角羚都有保护自己领地的习性。大羚羊、大旋角羚、山薮羚和紫羚的活动更有流动性，如大羚羊的生活区域可达1 500平方千米或者更大。所有不同性别、不同年龄的个体集结在一起通常很松散（除了母羚和幼崽的联系外），也通常会组成家庭，或者因为季节和食物的原因使它们集结在一起。

当植被繁盛、绿芽异常多的时节它们也会集结在一起。在非常偶然的情况下，大羚羊也会组成多达几百头的群体，以作为在开阔的栖息地进食时的一种防御性策略。年轻的雄性常常会组成松散的群体，但是年长的雄性通常是独居的，在某些种类中，如旋角羚和安氏薮羚，它们会积极主动地禁止其他雄性前来。如果一头发情的雌性出现，这些成年雄性被迫一起出现时，它们之间的冲突就不可避免了。

雄性安氏薮羚是牛亚科中最有性展示力的动物，它们像吸气膨大的鱼一样，会给自己“充气”，额前的“刘海”和头顶的毛会竖起，深灰色的躯体会侧着撞向对手。旋角羚羊和德氏大羚羊会侧重展示自己的高度和犄角，而普通大羚羊则用它们特别大的块头威胁对手。雄性薮羚和大羚羊会通过高度仪式化的搏斗建立等级秩序，这种搏斗比起它们的牛类“亲戚”来致命性和破坏性要小得多。在牛类中，没有特殊的气味腺体，主要靠视觉信号沟通，公牛对发情期的母牛的追求也变成较为简单的巡行。然后，公牛会发出各种低沉的哞哞声和喀嗒声，诱使母牛接受交配。在此期间，交配双方的联系较为松散。

牛亚科动物的怀孕期为6~9个月，物种的体型越大，怀孕期越长。分娩的高峰期与雨后新植被生长的时期相同。在头几个星期内，雌性不得不每天把幼崽单独隐藏在某个地方，而自己去觅食。它们的寿命与体型大小有关，平均10~20年不等。

尽管黄石公园中的野牛是自由放养的，但是一些人为管理还是必要的，以防止牛群染病。

狒狒

自然界中的狒狒大多比较好斗，因为对外比较团结，所以它们是自然界唯一敢于和狮子作战的动物，一般 3~5 只狒狒就可以搏杀一只狮子，作风十分果敢、顽强，所以一般动物园的说明文字都亲切地称狒狒为：勇敢的小战士！

狒狒是东非大裂谷特有的灵长类动物，共分为五种。一般认为人与狒狒之间的进化差距很大。过去，狒狒被认为几乎不具有推理能力。然而，在2001年底，美国科学家证实了狒狒有完成复杂抽象推理的能力。这是人类首次发现非人类及非猿灵长类动物具有这种复杂的能力。

• 生活在山地的大型猴类

灵长目猿猴亚目狭鼻组猴科的1属，通称狒狒，是灵长类中次于猩猩的大型猴类。它们一般体长在0.8~114.2厘米，尾长38.2~71.1厘米，体重可达60千克。头部粗长，吻部突出，耳小，眉弓突出，眼深陷，犬齿长而尖，可达5厘米，具有颊囊；体型粗壮，四肢等长，短而粗，适应于地面活动；臀部有色彩鲜艳的胼胝；毛黄、黄褐、绿褐至褐色，一般尾部毛色较深；毛粗糙，颜面部和耳上生有短毛，雄性的颜面周围、颈部、肩部有长毛，雌性则较短。

狒狒栖息于热带雨林、稀树草原、半荒漠草原和高原山地，但更喜生活于较开阔多岩石的低山丘陵、平原或峡谷峭壁中。主要在地面活动，但也会爬到树上睡觉或寻找食物。善游泳。能发出很大叫声。白天活动，夜间栖于大树枝或岩洞中。食物包括蚱蜢、昆虫、

知识档案

狒狒

目 灵长目

科 猴科

分布 主要分布于非洲，个别种类也见于阿拉伯半岛。

栖息地 热带雨林、稀树草原、半荒漠草原和高原山地。

体型 体长 50.8~114.2 厘米，尾长 38.2~71.1 厘米，体重可达 60 千克。

皮毛 毛黄、黄褐、绿褐至褐色。

食性 蚱蜢、昆虫、蝎子、鸟蛋、小型脊椎动物及植物。

繁殖 每 3~6 年产一崽，怀孕期约为 235~270 天。

寿命 野外的寿命约为 35 岁，人工条件下约为 60 岁。

蝎子、鸟蛋、小型脊椎动物及植物。狒狒通常会在中午饮水。

狒狒群居性强，群体由凶猛年轻健壮且体型较大的雄狒率领，内有专门负责警告敌害的来临，退却时，首先是雌性和幼体，雄性在后面保护，发出威吓的吼叫声，甚至反击，因力大而勇猛，能给来犯者造成威胁。狒狒常联合起来捕捉猎物，力气很大，几只狒狒便能袭击小型羚羊。而它们的主要天敌是豹。

狒狒没有固定的繁殖季节，5~6月是繁殖高峰，孕期为6~7个月，每胎产1仔。幼崽需要哺乳3年，7~10岁的时候才完全独立。野生寿命约35年。雌性约在10岁达到性成熟，到30岁停止生育。

● 狒狒的社会

狒狒在猴类中是唯一集大群营地栖生的高等猴类。狒狒也是猴类中社群生活最为严密的一种，有明显的等级序位和严明的纪律，惩罚的残酷令人害怕。在野生状态下的狒狒群体，经过几年一个周期，就会发生战争，或分群或换王。因为以新换旧、以强换弱是狒王国的法则。

雄狒狒一般性成熟在六岁左右，它的好斗自然也有争夺配偶的繁殖因素。通常先是向比它地位稍高的雄狒狒主动发起挑衅。说来有趣，这和某些人类吵架一模一样，先是瞪眼睛、竖胡子，放开喉咙大叫或吼一通，进而撞台拍凳。但狒狒则是拍打地面进行威胁。如果原来地位高的心虚怕了，那么就自行退下承认青年狒狒的地位比它高。如果都不服，就开始拉拉扯扯，爪对爪、牙对牙厮打。结果会有三种情况：一，打赢了，胆子越打越大，一直打到“大王”地位，但这也并不是那么简单，在狒群中单靠蛮力也不行，也要会团结众狒，要会一点手段才有可能被拥为“王”；二，打输了投降，主动抬起臀部，让胜方骑一下，承认自己地位卑下，可以免去进一步的惩罚——被活活咬死；三，输了落荒离群而逃，逃到其

↗ 黄狒狒广泛的分布栖息于非洲的草原地带或林缘部，它们的毛色呈黄褐色，通常在地面活动。喜欢吃果实、草、种子，当然也吃昆虫和小动物。

它狒狒群中去当二等公民。若这一群狒狒群体较弱，过了一段时间，也许又能争得一个王位，但那是非常少的幸运儿。

狒狒群体大的有200~500头，夜晚它们集体住宿在峭壁悬崖上，并有专门担任警卫的狒狒，遇有食肉兽侵袭，狒王率领年轻力壮的雄狒，与敌对抗，母狒和幼狒则迅速撤退。白天，狒狒为了觅食的方便，分成30~50头小群，分散觅食，每一小群都有一个首领带路，其他雄狒在两侧警戒，中间是母狒和仔狒，仔狒得到全群保护，一旦哪头雌狒生了幼仔，就受到格外优待，怀中的幼狒，会让其他表示友好的雌狒抱一抱，这也是狒狒王国笼络感情的方式。

当然，狒狒群并非一直处于烽火战争之中，一般新王产生后在相当长一段时间会很安稳，而且繁殖增加，群体会迅速增长。这时的狒王也会主动对地位低下的雄狒、雌狒表示友好，为它们理理毛，这结果更加固了它的地位，群狒也争相拍狒王的“马屁”，故狒王的毛总是油光顺溜，最为光滑，一眼就能看得出。

• 雄狒狒知道谁是自己的孩子

母爱历来被认为是哺乳动物的本能，而父爱除了少数几个不寻常的物种外则在很大程度上被忽视。在哺乳动物中，雄性照顾幼仔的现象比较少见，在多雄多雌群居、交配关系不固定的群体中尤其明显，幼仔的父母亲之间强烈的纽带关系可能是不存在的。所以人们一直认为哺乳动物群体中雄性是不可以辨认出自己的孩子的。

然而，令人称奇的是，即便是在非一夫一妻的松散关系中，雄性狒狒竟然可以辨认出群体中的那些小狒狒是自己的亲生儿女。根据美国科学家的研究发现：雄性狒狒能认出它们自己的孩子，并且明显地支持和保护自己亲生的孩子，特别是在与其他的群体争执时，雄狒狒会保护其孩子，使小狒狒免受伤害，显出伟大的父爱。在非洲乞力马扎罗山附近草原上，动物学家对狒狒进行了多年的跟踪研究。他们通过DNA测试已经为数十只小狒狒找到了亲生父亲。而他们发现，在小狒狒发生争执时，雄狒狒通常都会站到自己亲生小孩一边。它们会来到自己孩子和孩子对手之间，吓唬孩子的对手，最后把它们赶走。

另外，狒狒还能辨认自己的兄弟姐妹。例如，让一只小雌性狒狒受到其他狒狒的欺负时，便会紧紧躲在哥哥身后，此时，哥哥也会挺身而出帮忙把挑衅者吓跑。

那雄狒狒究竟是怎样认出自己的亲骨肉的呢？对此，科学家还没有确切答案。

灵猫类和獴类

在西部非洲热带雨林中充满湿气的夜晚，你可以听到一阵阵高昂而充满悲哀的声音，这种声音甚至能传到 1 千米以外的地方。这是灵猫科双斑狸发出的叫声。灵猫科中还包括好几大类，如灵猫类、林狸类、獴类等。它们中的大多数种类单独生活，偶尔有些种类以母系为基础组成小型的家庭，过简单的群居生活。

灵猫类动物最为人所知的就是它们能分泌一种商业用的灵猫香。由于多数灵猫科动物栖息于热带雨林中，随着东南亚热带雨林的不断被破坏和非洲马达加斯加岛上的雨林加快成为牧牛场，多种灵猫科动物的栖息地在不断缩小，致使它们面临着生存危机。国际自然保护联盟已把獭狸列入“濒危级”名单，把食蚁狸和其他几种灵猫科动物列入“易危级”名单。与这几种不同的是，普通棕榈狸的数量却非常多，常常栖居在人类周围，人们可以在许多村庄和咖啡园里时不时地见到它们的踪影，有些甚至被人们当做宠物来养。

多变的体态

生活在南亚和东南亚的棕榈狸亚科中的7个物种和生活在非洲的双斑狸都有能半缩回的爪，会阴部一块能折叠的皮肤下都有一个能分泌灵猫香的腺体。其中，双斑狸生活在非洲的森林中，常常栖息在树冠上，发出各种叫声。它主要吃乔本植物和藤本植物结的果实，偶尔也吃小型哺乳动物和鸟类。一般成年雄性双斑狸占有超过1平方千米的领地，常常定期在领地边界的树上做气味标记。

所有7种生活在亚洲的棕榈狸亚科物种只栖息在森林中。它们善于爬树；爪比较长而且能缩回掌中；通常掌底无毛，掌上第三、第四个趾常融合在一起，可以加强后肢的抓握力。普通棕榈狸是这7种中分布最广的，与花面狸（因身上没有斑点而面部有很多斑点而得名）相似，都在地面上搜寻食物，如捡拾掉在地上的野果和捕捉在地面上活动的小动物。这两者的尾巴长度在7种中属于中等，但是在爬树的时候却可以用来支撑身体。其他5种的尾巴很长。除普通棕榈狸和花面狸外，另外的5种大部分时间都在树上

知识档案

灵猫类和獴类

目 食肉目

科 灵猫科

共分6个亚科20属35种，其中棕榈狸亚科有5属7种，包括苏拉威西岛花面狸；双斑狸亚科只包含1属1种，即双斑狸；缟狸亚科有4属5种，包括缟狸；灵猫亚科有7属19种，包括小斑獛和非洲林狸；食蚁狸亚科有2属2种，即食蚁狸和马岛缟狸；隐肛狸亚科也只有1属1种，即隐肛狸。

分布 非洲大陆和马达加斯加岛，欧洲西南部（西班牙和法国），近东、阿拉伯半岛、印度、东南亚。

栖息地 热带雨林到小片林地、灌木丛、非洲稀树大草原、山地；主要为树栖，也有陆栖及栖息在河岸上的。

体型 体长最小的是非洲林狸，为33厘米，最大的是苏拉威西岛花面狸，为88厘米，其他的在两者之间。尾长最小的为32厘米，最大的为55厘米。体重最小的是斑林狸，为600克；最大的是非洲灵猫，为13千克。尽管一般的隐肛狸比苏拉威西岛花面狸或非洲灵猫体长要短，但是某些个体体重可达20千克。

皮毛 有多种纹理；有些种类是单色的，但是在颜色较浅的皮毛上有暗色斑点、宽条纹或细条纹，有的尾巴上常有条纹。

食性 吃小型哺乳动物、鸟类、爬行类、昆虫、鸟卵或爬行动物的卵以及水果，但是棕榈狸属几乎只吃水果、坚果和球状茎。

繁殖 獴类怀孕期为70天，非洲灵猫为80天，棕榈狸属为90天。

寿命 人工圈养的花面狸可活到15岁，人工圈养的獴类的最高纪录是34岁。

觅食。其中熊狸的尾巴上肌肉强健，可以缠绕在树枝上（这在整个灵猫科中也是独一无二的），尾巴配合后肢能紧紧抓住树枝，而用前肢摘取树枝上的野果并送入嘴中。也有报道称，熊狸能够在水中游泳抓鱼。另外，苏拉威西岛花面狸（或称大棕榈狸、棕色棕榈狸）的后掌上有蹼，趾间没有皮毛，很灵活，善于攀爬，常生活在苏拉威西岛东北部的峡谷和山脊的大森林中。

缟狸亚科包括5种，其中有3种缟狸、2种獭狸，全部分布在东南亚的热带雨林中。缟狸是人们了解最多的，由于腹部两侧各有一个很宽的垂直的暗色条纹而得名。缟狸几乎全吃肉食，常常于夜晚在地面或树上捕捉蜥蜴、蛙类、鼠类、蟹类、蜗牛、蚯蚓和蚁类，而白天则在树洞里休息。缟狸每胎产崽1~3只，幼崽在出生10个星期后开始吃固体食物。霍氏缟狸在体型上与缟狸相似，但是头骨和体色与之不同，霍氏缟狸全身为统一的黑棕色。印支缟狸不但在腹部有垂直条纹，还有斑点，可能专门捕捉无脊椎动物作为食物。现在博物馆里有少数几个印支缟狸的胃部标本，显示其中只有虫子。

獭狸属的两种獭狸与其他灵猫科动物不同，它们是群居性的动物。它们的耳朵很小，口鼻部比较钝，躯干很小，尾巴也短。獭狸和洛氏獭狸在毛发的颜色上稍有不同，牙齿也稍有不同，但两者毛发都很浓密，鼻子呈管状，口鼻部触须很多，有助于它们在水中生活，且有助于捕鱼。与水獭比起来，两种獭狸掌上的蹼比较小，习性与外表也很不相同。两种獭狸不

这是几种有代表性的灵猫类和林狸类动物及其有特点的行为动作。标号为“1”的是非洲林狸，它正在吃雏鸟；标号为“2”的是缟狸，它正在吃蜥蜴；标号为“3”的是马来灵猫，它背脊上的毛能够直立起来；标号为“4”的是普通棕榈狸，它正在嗅空气中的气味；标号为“5”的是熊狸，它正将尾巴缠绕在树枝上搜寻野果吃。

但都善于游泳，还能爬树。

非洲灵猫是体型最大且最为人所知的灵猫亚科动物，它们能够在各种环境中生活，从非洲稀树大草原干旱的灌木丛到热带雨林都有它们的身影。它们只在夜晚的地面上觅食，白天通常在树叶浓密的树上或是地洞中休息。

非洲灵猫的亚洲“亲戚”们可能与之有共同的自然进化史，因此在许多方面都很相似。与之相似的亚洲“亲戚”有大灵猫、大斑灵猫、马来灵猫等，其躯干上都呈显著的黑色或白色，背部都有条纹；躯体结构与犬类很相似；背脊比较宽，其上的毛发很长，而且在受到威胁的时候都能够直立起来，使得它们看起来体型很大，可以迷惑敌人。与非洲灵猫相似，马来灵猫和大灵猫也是群居，多个个体有在同一个地方排泄的习性。

小灵猫的头部比较窄，背脊也很窄，躯体上的斑点和尾巴上的环纹不很清晰，体色也很单调，只呈浅褐色。小灵猫有灵巧的捕食技术，主要吃肉食，常捕捉小型哺乳动物、鸟类，可以像猫类一样伏击猎物。小灵猫的食物范围非常宽泛，有时还吃昆虫、龟类的卵和掉落在地上的野果。它们也能爬树（虽然爬树的技术并不很好），而且能生活在人类的周围，比如农田和乡村边上。

林狸类是最稀有、人们了解最少而又长得最漂亮的灵猫科动物。共有3种林狸，体型都很小，行动敏捷灵巧，生活隐秘，栖息于森林中。其躯体上有深色条纹，尾巴上有宽条纹。3种林狸几乎只吃小型脊椎动物，但是也曾经在4只普通林狸的胃里发现过松鼠、棘鼠、冠蜥和多种昆虫。3种林狸都是独自生活，有足够证据表明，非洲林狸栖息在树上用树叶做成的巢穴中。两种亚洲林狸——斑林狸和普通林狸主要栖息在树根下和树洞中用干树叶做成的巢穴里。林狸没有分泌灵猫香的腺体，上颌也缺少第2对臼齿。所有3种林狸的爪都能缩回掌中。

水獴（或称渔獴、刚果水灵猫）栖息在中部非洲森林中的小溪和小河附近，是一种很稀少、人们了解也很少的动物。其主要吃鱼类，可能还有甲壳类动物。当地人在小溪里洗木薯叶当菜吃的时候，偶尔还曾看见它们吃掉到溪水中漂浮的木薯叶。尽管水獴不是特别擅长游泳，但它们能潜藏于水底岩石或河岸边上鱼类出现的地方，用能缩回的爪抓住鱼，并用锋利的牙齿杀死鱼。

獴类共有11种，是一些体型中等、身体修长、四肢比较短的食肉动物，分布在从非洲大陆、阿拉伯半岛到近东、欧洲东南部的广大地区。由于它们是夜行性动物，白天不出来活动，再加上皮毛样式有助于伪装，所以人们在野外很难研究它们，对它们的研究主要是在实验室中进行的。獛类的身体上有一排排深色的斑点或条纹，上层毛发上的条纹尤其多，而其体色主要为浅棕色或灰色。尾巴几乎与身体一样长，而且尾巴上有一个个的环纹。面部比较长，口鼻部很尖而且有长长的触须。耳朵相当大，两眼视力也极好。四个掌上都有5个趾，而且趾上的爪能够完全缩回掌中。在非洲，除了沙漠之外，獛类能栖息在任何地形中，尤其喜欢栖息在植被覆盖稠密的地方。在西班牙，小斑獛的栖息地也很广，甚至可以生活在高山地带。

小斑獛可能是在中世纪时作为宠物由摩尔人从北非带到欧洲的，也可能是通过直布罗陀海峡冰河期断裂之前的陆桥从非洲进入欧洲，从而幸存到今天的。今天在西南欧的小斑獛体型大小不同，北部的稍小，这或许可以说明小斑獛的分布是自然形成的。但现在生活在地中海巴利阿里群岛上的小斑獛，毫无疑问是人类带过去的。伊比萨岛上的小斑獛亚种，其体型比其他地方的小斑獛要小，反而与猫獛的一个亚种——生活在西非塞内加尔地区的塞内加尔猫獛很像。

非洲的马达加斯加岛上生活着3

↗这是一只大斑獛，生活在南部非洲。与所有的獛类相同，它也是一种树栖动物。大斑獛的视力很好，当它从一根树枝跳到另一根树枝或扑向猎物的时候，这双眼睛能够给予很精确的判断。

种不常见的灵猫科动物，共分为2个亚科。其中食蚁狸亚科有2种，一种是食蚁狸，一种是体型与食蚁狸差不多的马岛缟狸。食蚁狸很稀少，隐秘性也很强，栖息在马岛东中部海拔比较低的热带雨林和西北部海拔比较高的地方，其牙齿比较特殊，可以用来咬住蚯蚓、鼻涕虫、蜗牛和昆虫的幼虫。在自卫的时候，食蚁狸并不用嘴咬，而是用前掌上很长的利爪攻击敌人。马岛缟狸在体态和步态上与狐狸很相似，身上有很小的斑点，与其他灵猫科动物的亲缘关系人们现在还不了解。从解剖学来说，马岛缟狸与生活在东南亚的缟狸在很多方面并不相同，两者的亲缘关系也很远。马岛缟狸是夜行性动物，尽管它们并不特别擅长爬树，但是只栖息在森林覆盖稠密的地区，尤其喜欢栖息于沟壑和山谷的林地中。与大多数灵猫科动物不同的是，马岛缟狸是雌雄成对生活的。它们主要靠听觉和视觉来发现它们爱吃的食物，如啮齿动物、蛙类、软体动物和玉筋鱼等。

第3种生活在马岛的灵猫科动物隐肛狸是隐肛狸亚科的唯一物种，也是马岛上体型最大的食肉动物，体型大的可以超过灵猫科和科中所有的动物。其头部与猫类有些相似，大大的眼睛向前突出，颌骨很短，耳朵很圆，外表上的相似使得早期的分类学家们把它归入猫科动物的行列。尽管隐肛狸与猫科相似，却有独立的进化路线，也与其他灵猫科动物很不相同，因此现在被分到一个独立的亚科——隐肛狸亚科中。

● 野果、鸟类和蝙蝠

棕榈狸亚科的物种主要吃各种各样的野果，也吃一些啮齿动物、鸟类、蜗牛和蝎子，这些肉食可以为它们提供必要的蛋白质，而各种野果则为它们提供大量的碳水化合物。在印尼爪哇岛，普通棕榈狸吃各种野果，有些对人来说无法食用的野果，普通棕榈狸吃了却没事。例如山棕的果实外表皮上长有很多刺，普通棕榈狸即使大量地吃到肚子里，也不会对其消化系统产生危害。小齿椰子狸的前臼齿比较小，齿冠扁平，适宜吃比较软的水果。几乎所有的棕榈狸亚科的物种都是名声很坏的“偷食香蕉者”，普通棕榈狸还是“著名”的“偷喝棕榈酒者”。在亚洲南部的许多地区，人们把竹筒插在棕榈树干上，棕榈汁就会顺着竹筒渗出来，然后自动收集在一个器皿中，人们再把这些棕榈汁发酵，就酿成了很好喝的棕榈酒。普通棕榈狸也很爱喝这些收集起来的棕榈汁，它们往往就在那些竹筒的旁边偷喝渗出来的棕榈汁。

几乎所有的獴类都是吃肉食的动

隐肛狸是一种灵猫科动物，只分布在马达加斯加岛的森林中，主要以狐猴为食。隐肛狸的行走方式不同寻常，是用整个脚掌着地行走，而非像大多数灵猫科动物那样用脚趾着地行走。隐肛狸是一种树栖动物，但也可以在地面上捕食蛇类、普通无尾猥和珍珠鸡等。

物，但是野果和昆虫也会在它们的食物中占有一定的比例。生活在非洲的小斑獛的主要食物是啮齿类等小型哺乳动物，而生活在西班牙的小斑獛最爱吃的还包括各种蜥蜴。通过对生活在西班牙的小斑獛的粪便分析可知，在春季和夏季其食物中有一半是雀形目鸟类，秋季和冬季各种野果在其食物中则占有很重要的比例。啮齿目小动物中最主要的是姬鼠，全年都是其重要食物。尽管昆虫在其食物中占的比例很小，但也是从春季到秋季的一种经常性食物。獛类中某些种类会在下雨形成的水坑边潜藏，从而捕捉一些蛙类作为食物。

人们曾经观察到豹斑獛（中文俗名林獛）经常吃蝙蝠的情况，当蝙蝠飞离栖息处的时候，豹斑獛常会抓住蝙蝠来吃。

不同的生活习性

在棕榈狸亚科动物的群体中，总有一只居支配地位的雄性控制着一块很大的“地盘”。在好几千米的范围内，这只居主导地位的雄性会每5~10天巡视一遍领地，在树干和藤本植物的茎上做一些标记。而居次要地位的雄性（通常是体型比较小的、未成年的或过于老衰的雄性）的领地则要小很多，并尽量避免和居主要地位的雄性相遇，因此只能横穿领地进行不定期的巡视。但是当一只未成年的、居次要地位的雄性长大成年后，就会向居主要地位的雄性提出挑战，尤其是向其优先与雌性交配的权利进行挑战。因此，随后就会爆发战争，并常常造成致命的创伤，被征服者只能退居其他地方，被严重咬伤者只能退到地面上（通常棕榈狸类栖息在树上），不是病死就是被豹子或其他掠食动物吃掉。

居支配地位的雄性棕榈狸类的领地中通常包含1~3只雌性，在一年当中的大多数时候，雌性不会与雄性待在同一棵树上，不过在漫长的雨季内，通过夜晚吼叫，雌性与雄性能够保持联系。棕榈狸类的交配期在6月份，一般会持续好几天，这个时候，成对的棕榈狸会栖息在同一棵树上。一般来说，棕榈狸类的怀孕期为3个月，每胎产崽1~3只，而且是在一片相对隔离的缠绕得很密集的藤本植物上生产。小棕榈狸出生6个月后断奶，第2年性发育成熟。一般雄性小棕榈狸在断奶之后就会离开出生地寻找自己的领地，而雌性小棕榈狸则可以和母棕榈狸在一起生活将近两年的时间，然后再分散出去。

非洲灵猫几乎总是在它们经常走动的路线上成堆地排泄粪便，一堆灵猫粪可以占地将近0.5平方米，这说明非洲灵猫是占有领地的，粪堆通常在领地边界上，这可以起到与邻居沟通的作用。非洲灵猫还常常在水果树上、结野果的灌木丛上，用会阴腺分泌的灵猫香做气味标记，偶尔也在草丛、树枝或岩石上做这样的标记。雌性非洲灵猫在1岁的时候性发育成熟，之后可以在一年内生育2胎，每次的怀孕期都是80天，每胎产崽1~3只，通常在相对隔离的比较厚密的藤本植物上生产。幼崽需要母非洲灵猫全方位照料3~5个月，断奶之前就要学会捕捉昆虫的本领。在照料幼崽期间，如果母非洲灵猫抓到了一只耗子或小鸟，它会发出“哧哧”的声音召集它的幼崽前来分享。

獛类主要生活在树上，但是也时常到地面上搜寻食物。它们的皮毛颜色很适于隐蔽，尤其是在月光照耀下，它们更不易被发觉。生活在西班牙的小斑獛主要在晚上活动，白天则很少活动，只会从一个休息地点挪到另一个休息地点。在非洲塞伦盖蒂平原地区，与其他生活在这一地区的小型食肉动物不同，灵猫主要在午夜活动，这种活动方式可以减少和其他捕食同种猎物的食肉动物的竞争。

獛类在一年当中任何时候都能繁殖，但是在许多地区有生育高峰季，

↗ 一只非洲灵猫白天正在休息。非洲灵猫是一种夜行性的杂食动物，主要在晚上出来搜寻各种食物。其主要的食物为小型的哺乳动物，如沙鼠、跳鼠、刺鼠等，也会吃一些腐肉；另外还时常捕食在地面上生活、不怎么能飞的鸟类，如鹧鸪和珍珠鸡等；爬行类动物、昆虫和水果也会成为其食物的一部分。

如生活在欧洲的小斑獛4~9月是生育高峰。獛类的怀孕期大约为70天，每胎产2~4只幼崽，产在树上或地洞中用植物茎叶编成的巢穴里。幼崽刚出生的时候眼睛不能睁开，身体也只有约13.5厘米长。它们出生8天后才能睁开眼睛，但不久就能离开巢穴活动了。6个月之后断奶，在断奶之前也可以吃一些固体食物。1年后可以独立生活，2岁之后性发育成熟。在獛类的社会中，用粪便、尿液和会阴腺分泌物做成的气味标记扮演着关键的角色，可以在同种之间传递主人的身份、熟悉程度、性别和繁殖特征等等信息。雄性獛类做标记的频率在不同的季节有所不同，在繁殖季节将要到来之前做标记的频率会提高，而雌性做标记的频率的变化幅度比雄性稍低。

大多数种类的獛是独自生活的。据报道，在非洲类分布比较稠密的地区，可以达到每平方千米1~2只，每只的领地可以小到0.25平方千米，而且看起来雌性更具占有领地的倾向，活动的范围也比雄性大。

獛类还是受人喜爱的小宠物，在中世纪现代家猫进入欧洲家庭之前，獛类一直是欧洲居民家里的“捕鼠器”。但是在非洲的某些地区，人们却把它们当做有害动物，因为獛类有时候会攻击家禽。

獴类

獴科动物形体修长，动作敏捷，可以捕食很多种无脊椎动物和小型脊椎动物，现在分布于撒哈拉以南非洲地区和亚洲南部。獴类中有只吃昆虫者，也有几乎全吃小型哺乳动物者。它们在旧大陆的各种生态环境中都能生存，在新大陆中，与它们具有相同生活方式的还有好几个目，如食虫目 、啮齿目等。

獴科动物的进化关系与灵猫科很相近，但与灵猫类还存在许多重要的不同之处。獴类的主要特征是有爪但是不能缩回，有的掌上有4个趾有的有5个，趾间没有蹼或蹼退化为很小；耳朵很圆并位于头部两侧，而且一般不向上突出。与灵猫科不同，某些獴类是高度群居的动物；另外，大多数灵猫科动物是夜行性而且是树栖的，而獴类主要是陆栖，某些种类还在白天活动。

短短的四肢，长长的尾巴

大多数獴类行动敏捷，主要在地面上活动。它们的面部和身躯都很长，耳朵又小又圆，四肢比较短，尾巴很长，呈锥形而且毛很多。

大多数獴类身上有黄褐色或灰白色斑纹，个别种类的身上有明显的条纹。所有的獴类身上都没有小圆斑点，这与灵猫科动物是不同的。獴类身体的颜色有多种变化，甚至同类之间的颜色变化也很明显。例如，草地貂在大多数的分布地内是灰色或黄棕色的，但是在非洲喀拉哈里沙漠却是红色的，而且还有一种黑色的草地貂（黑色素沉淀的缘故）。有些颜色变化常常与当地的土地颜色相同，这可能是一种保护色，对生存具有重要意义。

大多数獴类的肛门处有一个很大的囊状物，里面至少包含两个腺体开口。它们常用肛门处和臀部两边的腺体分泌物做各种气味标记，进行沟通，这些标记可以表明主人的性别、生殖状况和身份特征等。

獴类的预期寿命比较长，在一项科学研究中发现，生活在非洲塞伦盖蒂国家公园内的一只雌性侏獴活到了13岁。但是在实际生活中，很少有野生个体能够活到这个岁数。同一项研究表明，846只侏獴中只有25只活到了7岁。

适应能力极强

獴科动物的分布基本上只限于旧

这是一些具有代表性的獴科动物：标号为“1”的是白尾獴，它是所有獴类中体型最大的一种；标号为“2”的是毛尾臭獴的肯尼亚亚种，它正在直立起来用力嗅空气中的气味，这个姿势具有代表性；标号为“3”的是环尾獴，它正在快速地小跑；标号为“4”的是侏獴，一只成年侏獴正给它年幼的后代喂甲虫吃；标号为“5”的是塞氏獴，它正在保持一种低位坐姿；标号为“6”的是窄纹獴；标号为“7”的是埃及獴，它用两只前掌抱起一枚鸟卵正向一块石头撞去，试图打碎鸟卵来吃；标号为“8”的是沼泽獴，它正用肛门处摩擦石头来做气味标记。

大陆，但是现在又被人类引进到了西印度群岛、斐济、夏威夷群岛等地。獴类对环境的适应能力很强，它们可以生活在各种栖息地内，从森林到比较开阔的小片林地，再到非洲稀树大草原、沙漠等等。

某些过群居生活的獴类，可以根据数量的多少，在当地选择不同的巢穴。例如在非洲大草原上某些土地比较坚硬的地区，它们常常选择巨大的白蚁丘作为休息之处，少数几种尤其喜欢大白蚁属白蚁建在地面上的巨大巢穴作为休息场所，因为里面有通风杆，通风状况良好。因此，只要哪里有这种大白蚁巢穴，就常常可以发现这几种獴的身影。

相反，一些小片林地、岩石山区或是土质松软的地方，可以为獴类提供更多的避难所和休息地，它们也因此常常成为当地数量最多的食肉目动物。在上文提到的塞伦盖蒂，可以发现侏獴在当地的分布密度很高，达到每平方千米8只成年者的水平。如果把栖息地相互重合的侏獴、非洲獴和草地貂獴加起来算，每平方千米3种的总数可超过20只成年者。另外，至少有其他的3种——白尾獴、灰獴和沼泽獴也常常共同生活于同一地区，它们加起来的分布密度也可能超过每平方千米25只成年者的水平。

• 土中刨食

在西方人眼里，獴主要以蛇类为食，其实并不完全是这样，獴虽然也

知识档案

獴类

目 食肉目

科 獴科

共分2个亚科17个属35种：馳形獴亚科，也称马达加斯加岛獴类，有4属5种，包括环尾獴；獴亚科，也称为非洲大陆和亚洲獴类，有13属30种，包括侏獴、非洲獴和细尾獴。

分布 非洲大陆和马达加斯加岛，欧洲西南部，近东，阿拉伯地区到印度、斯里兰卡，中国南部，东南亚；人工引进到西印度群岛、斐济、夏威夷群岛。

栖息地 从稠密的森林到比较开阔的小片林地，再到非洲稀树大草原、半沙漠地带、沙漠；大部分为陆栖，个别为半水栖和树栖。

体型 体长最小的为侏獴，24厘米，最大的为白尾獴，58厘米，其他在两者之间；尾长最小的为19厘米，最大的为44厘米；体重最小的为320克，最大的为5千克；个别埃及獴的身体总长比白尾还要长。

皮毛 体毛较长较粗糙，通常有灰斑纹或浅黄色斑纹；体色从深灰色到棕色再到黄色、红色不等；有些属的有宽的或窄的条纹。

食性 吃昆虫和其他无脊椎动物、小型脊椎动物、鸟卵、蟹类、鱼类，偶尔还吃水果和蔬菜；某些种类（主要是属）会杀死毒蛇来吃。

繁殖 大部分的怀孕期约为60天，但是小印度獴的怀孕期为42天，窄纹獴的怀孕期为105天。

寿命 野生状态下最长约10岁，但人工圈养的可达19岁。

吃蛇类，但是蛇在其食物中并不占主导地位。实际上大多数的獴是杂食性动物，它们的食物种类非常广泛。獴类的足部结构大致能反映出它们吃什么食物，它们有很长的爪但是不能够伸缩，这非常适于挖掘。獴常常在地面上用鼻子嗅来嗅去，当在地面上发现昆虫的时候就迅速地咬住；当嗅出昆虫藏在地洞里的时候就用爪刨开地面，挖出昆虫吃掉。

• 从单独生活到群居

大多数种类的獴独自生活，当然母獴会与幼崽组成一个临时的稳定的小组。栖息在林地和热带稀树大草原上的埃及獴，其社会组织结构是獴类的一个典型代表。每只成年雌性埃及獴都有自己的领地，禁止同性进入；成年雄性也有自己的领地，也禁止同性的进入，不过其领地比雌性的要大，而且往往包含着几只雌性的领地。一只成年雄性埃及獴很少与在其领地范围内的雌性一块儿行动，除了交配期外，獴也很少进行“交流互动”。在雌性怀孕期、哺乳期内，雄性很少或根本不参与，不尽“父亲”的义务，不负责对幼崽的照料。

由于獴类的主要猎物鼠类、蛇类和蜥蜴类需要潜伏捕捉，需要悄悄地接近，这也可以解释为什么大多数种类的獴是单独生活的。因为如果两只共同出动，更容易被猎物发现，共同捕猎的成本很大。而且猎物体型很小，单个的獴足以搞定，当然不需要合作，进而也就

↙ 这是生活在纳米比亚的一群非洲獴，它们常常采用联合防御的策略保护自己。例如，当一只胡狼向它们接近的时候，它们就紧紧地聚合在一起，看起来好像是一个庞然大物，这样，胡狼就不敢轻举妄动了，并且往往会主动撤退。

不需要过群居生活了。

但是在特定环境下生活的少数獴类是过群居生活的。与单独生活的体重达3.5千克的埃及獴相反，成年侏獴的平均体重只有350克，极易受到体型更大的食肉动物的攻击，因此，对于侏獴来说结成团体更为有利。当侏獴出现在地面上或是树上的时候，尤其在地面上搜食甲虫、虫卵的时候，需要低下头盯着地面的土壤和乱草，这个时候就极易受到掠食者的攻击。很显然，要解决这个问题，就需要它们过群居生活，成群结队地觅食以互相照应。一般来说，一群侏獴包括2~21个成年成员，平均有9个成年成员。

与侏獴的情形相似，另外几种獴也适宜过群居生活，其中包括非洲獴

和细尾獴。细尾獴也是很多种比较大型食肉目动物和猛禽的捕猎目标，因此，当细尾獴成群结队出去觅食的时候，总有一只爬到很高的位置，占据有利地形，担任警戒的任务，有时在这个位置上要待1个小时以上。一旦这位“哨兵”发现敌人，就大声发出警告，然后群体赶紧撤离。

过群居生活的獴类发展出了一套包含多种叫声的“声讯系统”，根据不同的情况发出不同的叫声来通知伙伴。例如，受到了来自天空中猛禽的威胁时用一种叫声，受到了地面上比较大型掠食者的威胁时用另外一种叫声，同伴会根据不同的叫声做出不同的反应。如果猛禽来了，獴就会全速奔向离它们最近的洞穴；如果地面上的猛兽来了，獴仍然要快速奔向“掩蔽体”，但并不需要全速奔突。有两个原因可以解释这种不同的反应方式。第一，猛禽的速度远远超过獴的最大速度，迫使獴不得不作出及时的反应，不得不全速地奔向最近的掩蔽体；另一方面，在短距离内，獴的速度几乎可以达到捕食它们的猛兽的奔跑速度，因此，它们可以选择不同的逃跑路径，可以不像前一种情况那样全速地逃命。第二，地面上的捕猎者在追捕它们的时候，眼睛往往不能连续不断地注视它们，而猛禽却可以持续不断地盯着，獴在逃跑的时候就不

这是一只生活在塞伦盖蒂国家公园水边的沼泽獴，它正在全神贯注地吃一只贻贝。尽管沼泽獴的趾间没有蹼，却是最具水栖性的獴类，我们常常可以在沼泽和河口附近发现它们的踪影。

能选择不同的路径，只能快速奔向最近的藏身地。

过群居生活的獴类有一些共同的特征，如体型都很小，都是白天活动，栖息地都是一些比较开阔的地方，主要食物都是昆虫而非小型脊椎动物，等等。与之相反，单个生活的獴类通常体型比较大，一般栖息于林地等不开阔的地带；多数是夜间或黎明、黄昏活动；主要食物是鼠类、小型鸟类等，比起昆虫来说这些猎物通常分布密度较低，这样就很难在一个较小范围内分享食物。但并不是所有具有上述特征的獴都是独自生活的，有些种类的例外，这说明獴类社会特征的进化具有复杂多样性。

在非洲塞伦盖蒂国家公园的西半部，一项用无线电追踪技术进行的研究表明，白尾獴在觅食和走动的时候，都是单独行动，但是有共同的活动空间。一项简单的试验表明，如果去除地面上一小片地方的昆虫，对于同一夜晚出现的白尾獴来说，没有什么显著的影响，并不会饿着它们，这说明白尾獴可以在同一个地方选择不同的时间段捕食而不会互相影响。这样，两只白尾獴可以共同拥有一片领地，只要是在不同的时间使用，一只并不会影响另一只的可得食物量。因此，几只雌性白尾獴可以联合起来，共同占有一块领地而不用付出多大的成本。

蹄兔

约3000年前，腓尼基航海家穿越地中海向西航行，在某处海岸线看到有大量的动物，他们认为是蹄兔，因为这种动物在他们的家乡地中海东部地区十分常见。因此，他们称这片地方为“蹄兔岛”，后来，罗马人改称它为伊比利亚半岛——起源于西班牙语，但事实上，航海家看到的那些动物只是兔子。

在上新世期间，也即700万~200万年前，蹄兔不仅分布广泛，而且种类繁多，并从欧洲南部向东扩张到中国。有一种蹄兔的化石看起来好像是水栖型的动物，然而现在它们只分布在非洲和中东地区。

岩蹄兔是地理和海拔分布最广泛的一类蹄兔，而灌木蹄兔主要分布在非洲东部，这两类蹄兔的分布，取决于其栖息地适合生存的岩石小丘（露出地面的岩石堆）和悬崖峭壁的多少。树蹄兔有树栖的习性，栖息在非洲的丛林中，但在鲁文佐里山等高山地区它们却栖息在岩石中。东非树蹄兔可能是森林中生活的树蹄兔的最早种类，是桑给巴尔岛和奔巴岛上的最初成员之一。

从埃及东南部到南非的东北部都可以见到这种黄斑蹄兔，它们依靠吃草就可以获取大部分能量。当其他蹄兔吃草时，占领导地位的雄性蹄兔会站在高高的岩石上，观察四周有无敌害出现。如果有敌害出现，它就尖叫一声，以此警告其他个体。

体型小却很强壮

蹄兔奇怪的外形引起了人们很多误解。由于其外形与啮齿目动物极其相似，导致1780年时错误地将它与豚鼠连在了一起，认为它是“豚鼠的前身”。后来，人们发现了这个错误，却再一次给它们一个同样错误的名字，这一名字来源于希腊语，意思是“型鼠”。

蹄兔的体型比较小，但是很强壮，有一根短的、未发育完善的尾巴。雄性和雌性蹄兔的大小相当，最大的体长可达60厘米，但重量很少有

知识档案

蹄兔

目 蹄兔目

科 蹄兔科

分为3属11种。

分布 非洲和中东地区。

岩蹄兔（蹄兔属）

有阿比西尼亚蹄兔、南非蹄兔或普通蹄兔、约氏蹄兔、纳米比亚蹄兔、西部蹄兔5种。分布在非洲西南部和东北部以及西奈半岛、黎巴嫩、阿拉伯半岛东南部。栖息在多岩石的植被地区，从干旱地带到肯尼亚的高山地区（海拔3 200~4 200米）。喜欢白天活动。**体型：**体长44~54厘米；体重1.8~5.4千克。**皮毛：**浅色到深棕色，南非蹄兔背部有深棕色斑点，西部蹄兔背部有浅黄色斑点。**繁殖：**怀孕期212~240天。**寿命：**9~12年。

灌木蹄兔（异蹄兔属）

有黄斑蹄兔、查氏蹄兔、阿山蹄兔3种，分布在非洲东部，栖息在多岩石的植被地区，有时也栖息在树洞中。白天活动。**体型：**体长32~47厘米；体重1.3~2.4千克。**皮毛：**呈浅灰色，下部为白色，背部有黄色斑点。**繁殖：**怀孕期约230天。**寿命：**10~12年。

树蹄兔（树蹄兔属）

东非树蹄兔分布在乞力马扎罗山、梅鲁火山、乌桑巴拉山、桑给巴尔岛和奔巴岛、肯尼亚海岸，白天活动；南非树蹄兔分布在非洲东南部和东部；西非树蹄兔分布在非洲西部和中部。**体型：**体长32~60厘米，体重1.7~4.5千克。**皮毛：**长而柔软，呈深棕色，背部有浅黄到深黄色斑点；东非树蹄兔的毛长20~40毫米，西非树蹄兔的毛长40~75毫米。**繁殖：**怀孕期220~240天。**寿命：**10年以上。

注：在1993年的哺乳动物分类中，把阿比西尼亚蹄兔、纳米比亚蹄兔、约氏蹄兔和西部蹄兔列为与南非蹄兔相同的物种，而查氏蹄兔被列为黄斑蹄兔的一个亚种。

超过4千克的。爪子不适合挖洞，但是脚掌上长着有弹力的肉垫，上面有很丰富的腺体，跑的时候能够排汗，而且这些肉垫极大地提高了它们攀爬的能力。脚掌的下面可以部分缩回，能提供额外的抓握力。那些生活在干旱和温暖地带的种类毛短而柔软，而树蹄兔和岩蹄兔的毛很浓密。蹄兔身上的毛长短交替着分布，而且能够感受到外部的刺激，也许当它们在漆黑的裂沟和洞穴里时，能够帮助它们识别方向。它们的背部也有腺体，由一些浅颜色的毛发包围着，当它们兴奋的时候，这些毛发都会直立起来。这些腺体的作用尚不清楚，但人们认为其对种内的交流沟通很重要。

埃及一地区的化石床显示，4 000万年以前，蹄兔是体型中等的最重要的食草动物和迁徙性的有蹄动物。那时，蹄兔至少有6个属（可能更多），在身体长度上，从它们目前的大小到和貘一样大都有。在中新世，即2500万年之前，牛科动物第一次扩张，导致蹄兔的数量大幅度减少，相应地其种类也减少了，仅在岩石和森林地带牛科动物到达不了的地方有存留。

现在的蹄兔保留着一些原始的特征，明显有不充分的进食机制：它们用臼齿切碎食物而不用门齿，而且其脚掌很短，身体自我调节温度的能力很差。

轻松应对高纤维食物

蹄兔吃各种各样的植物。岩蹄兔主要以草为食，即以相对比较粗糙的食物为主，因此，它们牙齿的齿冠很高，齿根相对比较短；灌木蹄兔和树蹄兔的食物以软食为主，因此，齿冠比较低，齿根相对较长。

蹄兔不反刍，但是消化道比较复杂，包括3个独立的含有微生物的区域，因此消化纤维的能力与反刍动物差不多。它们的肾允许它们仅呼吸潮湿的空气就能充分保证水分的需求，而且，它们浓缩尿液的能力及产生电解液的能力很强，可以排出大量的未分解的碳水化合物。由于蹄兔连续不断地在同一个地方排尿，会积累很多结晶的碳酸钙，弄得悬崖壁上都是白色的斑点。此结晶物被多个南非的土著部落和欧洲人用做药材，可以用来治疗癔症等精神疾病和外伤。

群居生活

为了弥补身体对温度自我控制差的缺陷，蹄兔经常挤在一起晒太阳。它们相对不太活跃，新陈代谢速度慢，这可以保证它们在食物质量差的

蹄兔的交配简单有力，但三属蹄兔的性器官有很大的不同。蹄兔属的性器官较小，结构简单，呈椭圆状；树蹄兔属的性器官结构简单，呈弯曲状；异蹄兔属的性器官很长而且结构复杂，阴茎的末端有一个短细的附属物，勃起时呈杯状，上有阴茎开口。1.雄性蹄兔将其性器官插入到雌性蹄兔体内；2.有力的交配，这个时候雄性离开地面；3.雌性跑开了，雄性蹄兔退缩。

干旱环境里生存。然而，栖息处必须能够保持温度和湿度的相对稳定。

蹄兔的社会组织形式有很大不同，这与它们的生存空间有关。南非的土丘群面积一般不到4 000平方米，岩蹄兔和灌木蹄兔生活在紧密联系而且稳定的“家庭”里，每个“家庭”由3~7只近亲成年雌性、1只守护领地的雄性、分散的其他雄性和雌雄幼崽组成。大的土丘容得下几个“家庭”，每一个“家庭”占据一片领地。一块地盘上的雄性蹄兔会抵制其

↗ 一只南非树蹄兔正在吃金合欢树的叶子。尽管有一个属叫树蹄兔属，属内所有的蹄兔都善于爬树，但其他属的蹄兔有时也会在树上晒太阳。树蹄兔由于所依赖的森林受到砍伐，而处于最危险的境地。

他雄性蹄兔的入侵。雌性生存的核心区域在灌木蹄兔中平均为2 100平方米（有27个成员），在岩蹄兔中为4 250平方米（有4个成员）。

雌性蹄兔不会保护它们的地盘，领地有时还会重叠。成熟的雌蹄兔会组成群体，最终会合并为一个“家庭”。雌性蹄兔大约一年受精一次，它们的生育高峰与降雨量的高峰期相一致。在一个“家庭”组合里，怀孕的雌性一般集中在3个星期之内生出幼崽，雌性灌木蹄兔每窝生1~3只，平均为1.6只；岩蹄兔每窝生1~4只，平均2.4只。一般在幼崽出生后1~5个月内断奶。无论雄性还是雌性蹄兔，达到性成熟都需要16~17个月。性成熟后，雌性蹄兔一般会加入成年雌性蹄兔的队伍中，而雄性蹄兔30个月大时会分散开。雌性比雄性的平均寿命长。

成熟的雄性蹄兔分为4个类群：有领地的、在领地外围的、早期分散的和晚期分散的。有领地的雄性蹄兔是主要的领导者，它们对其他成年雄性蹄兔的侵略行为一般会在交配季节体现出来。在交配季节，它们的睾丸重量能增加20倍，这些雄性蹄兔会独占几只雌性蹄兔，不过它们喜欢与年龄超过28个月的雌性蹄兔交配。有领地的雄性蹄兔每年会找一个雌性蹄兔群体独自占有，而将其他的雄性蹄兔赶出雌性洞穴和晒太阳的地方。雄性之间的争斗有时是致命的，尽管这样的争斗很少。

在一个小丘上，在领地外围的雄性蹄兔不能定居在那里，但在大土丘上，它们可以在有领地雄性蹄兔的地盘边缘处占据一小片地盘。这些雄性蹄兔单个生活，当有领地的雄性离开时，其中地位最高的一只会占有一个雌性群体。它们没有明显的季节性争斗，仅仅会在交配季节里发出叫声。大多数在领地外围的雄性蹄兔的交配目标是年龄在28个月以下的雌性蹄兔，而年纪大的雄性蹄兔懒得与这些年轻的雌性蹄兔交配，因为第一次怀孕出生的幼崽的死亡率很高。

早期分散的雄蹄兔包括年轻雄性的大多数。它们一般在16~24个月大时离开出生的地方，不久就达到了性成熟期。晚期分散的雄蹄兔再过一年后才离开，但一般也要在30个月大以前离开出生的地方。离开出生地之前，雄蹄兔的地盘与它们母亲的地盘都有一定的重叠，它们在交配季节离开出生的地方，成为领地外围的雄蹄兔。有领地的雄蹄兔和晚期分散的雄蹄兔之间没有威胁性的关系，也没有层级关系。

人们发现，单个的岩蹄兔和灌木蹄兔离开出生地的距离约有2千米远，然而，离开的雄蹄兔在辽阔的缺乏躲藏地点的大草原上走的距离越远，它们

↗ 一只南非蹄兔与它的后代在一起。它们的幼崽一般在岩石的裂缝里出生，每胎的幼崽数在1~6只之间，但最多的情况是2~3只。幼崽出生时有毛，出生24个小时左右就可以活动了。

面临的危险也就越大：要么被掠食者吃掉，要么适应不了外界温度的变化。

人们对塞伦盖蒂国家公园、马托博国家公园及以色列的蹄兔进行的长期观察发现，蹄兔的群体大小有所波动，小的群体易于灭绝。经过初步的DNA分析发现，在塞伦盖蒂国家公园的岩蹄兔和灌木蹄兔之间的基因变化很小，雄蹄兔的分散多发生在距离比较近的两个小丘之间，约10千米远。

• 内部和外部的敌人

蹄兔最主要的天敌是黑雕，它们几乎只吃蹄兔。其他的掠食者有猛雕、茶色雕、豹、狮子、胡狼、斑鬣狗和几种蛇。外生的寄生虫如扁虱、白虱、螨类、跳蚤，内生的寄生虫如线虫、绦虫等，都对蹄兔的死亡率有很大的影响。在肯尼亚和埃塞俄比亚，人们发现岩蹄兔和树蹄兔是利什曼病原虫的主要携带者。

由于东非树蹄兔的皮毛很珍贵，当地人过度捕捉乞力马扎罗山周围森林里的树蹄兔，用其皮毛做地毯。由于非洲森林以惊人的速度不断消失，因此，树蹄兔可能是蹄兔中最有灭绝危险的一类，尤其在桑给巴尔岛和奔巴岛及坦桑尼亚的乌桑巴拉山山区的小片林地中生活的树蹄兔更危险。虽然人们没有收集到关于阿尔及利亚的阿山蹄兔和刚果的查氏蹄兔生存现状的相关信息，但它们注定是易危的动物。

象鼩

象鼩从外表看起来非常像鼩鼱的放大版本。这种动物直到 19 世纪中期才在科学文献中得到描述，部分是因为它们行踪隐秘，难于捕捉，而且分布局限于非洲。一个多世纪过去了，有关它们的博物学方面才有一些小段的记录出现在印刷品中。有关它们的知识在过去的 50 年中传播得很快，第一次揭示了这些动物事实上是如何独特。

过去，这些动物有时被叫做“会跳的鼩鼱”，这在某种程度上可算是名称的误用，因为只有体型比较小的象鼩种类在受惊的时候才做出明显的跳跃动作，而它们通常的运动方式是四个脚掌着地行走。“象鼩”这个名字是由在非洲进行野外研究的博物学家给它们起的，暗示着它们有长长的口鼻部。象鼩长有大眼睛、象鼻似的鼻子、高齿冠的牙齿，以及类似于食草动物的盲肠；它们的长腿像小型羚羊的，还长有类似老鼠的长尾巴。它们有的时候看起来像是移动着的其他动物的拼合体。

一组奇特的非洲兽类

今天在非洲发现的象鼩仅能为这个目悠久而又多样性的进化史提供一丁点的洞察机会。象鼩化石第一次出现在5000万年前的始新世早期地层中，在中新世（2400万年前）之前达到了多样性的最大化时期，那个时候它们有6个亚科。其中一个亚科包括一个小型的草食种，体重只有50克，类似于食草的啮齿类动物。另一个亚科包括一种大型的草食种，体重是上面所提到的那个种的10倍，这种大型的象鼩跟有蹄类动物是如此相似，以至于刚开始的时候被当成一种蹄兔。今天，所有这些古代的象鼩遗留下来的代表是2个界限分明的食虫亚科——巨象鼩亚科和软皮毛的象鼩亚科，而其他4个亚科在更新世之前（150万年前）神秘地灭绝了。

在分类学上，象鼩长久以来都是争论的话题。起先，生物学家把它们和其他几种食昆虫的动物分到食虫目中去。之后，又认为它们跟有蹄类动物有一定的关系。接下来，又试图把它们跟几种树鼩一起放到一个新的组——有盲肠类中去。到最近，生物学家又认为它们跟兔类动物有联系。

象鼩中有代表性的物种：1.方格长鼻跳鼩正在用它的肛腺做气味标记；2.赤象鼩正在寻觅昆虫吃；3.跳鼩正在清除踪迹；4.普通象鼩正在洞穴入口处“清洗”面部；5.四趾岩跳鼩正在昆虫的后面伸出舌头；6.黑褐长鼻跳鼩正用其牙齿和爪子撕扯猎物；7黄臀长鼻跳鼩在捕食前跟踪猎物。

大多数的生物学家现在同意象鼩属于单独的一个目——象鼩目。

那么，它们在演化历史上与其他哺乳动物之间的准确关系到底如何？随着分子技术的出现并拆解开了生物之间的进化关系，人们越来越趋向于认为象鼩目动物属于非洲哺乳动物的一个古老分支，但是今天它们在形态学上已少有明显的相似之处。最近的提议是把象鼩归入非洲兽类总目，这个总目还包括长鼻目、蹄兔目、海牛目、土豚所属的管齿目以及金鼹、无尾猬所属的食虫目等。

• 分布广泛但是并不常见

象鼩广泛分布于非洲，占据着非常多样的栖息地。例如，跳鼩的分布地区就包括非洲西南部的纳米布沙漠，也包括位于南非开普省的环境严酷的多刺疏林，而2个岩栖种——裸尾象鼩和岩象鼩——的分布在很大程度上局限于非洲南部的岩质出露层和漂石地。象鼩属的大多数种类生活在非洲南部和东部巨大的大草原和稀树草原中。长鼻跳鼩属的3个体型大的种和四趾岩跳鼩的分布局限于非洲中部和东部的低地森林与山区森林，以及与之相连的灌木丛。普通象鼩则发现于非洲最西北的半干旱山区栖息地，与其他所有的象目物种被撒哈拉沙漠分隔开。象鼩在非洲西部没有发现，这种情况一直没有得到充分的解释说明。没有哪个地方的象鼩尤为常见，尽管它们高度陆栖，大部分在白天或夜间于地面上活动，却常常能躲过人们的视线，因为它们行动迅速而又行踪诡秘。

黄臀长鼻跳鼩花费最高可达80%的活动时间搜寻无脊椎动物作为猎物——它们把长而柔韧的鼻子当做探针在森林地面上的叶层里搜寻无脊椎动物（与长鼻浣熊或者猪的觅食方式类似）。长鼻跳鼩属的物种还用它们

知识档案

象鼩

目 象鼩目

科 象鼩科

共分1科（象鼩科）2个亚科，4属15种。

分布 北非，非洲东部、中部及南部；非洲西部和撒哈拉沙漠没有分布。

栖息地 多种多样，包括山区森林和低地森林、稀树大草原、大草原、沙漠。

体型 各有不同。对跳鼩而言，体长10.4~11.5厘米，尾长11.5~13厘米，体重大约45克；对黄臀长鼻跳鼩而言，体长27~29.4厘米，尾长23~25.5厘米，体重大约540克。

皮毛 柔软，有多种不同的灰色和褐色。

食性 吃甲虫、蜘蛛、蜈蚣、蚯蚓、蚂蚁、白蚁及其他小型无脊椎动物；也食果类和种子。

繁殖 赤象鼩孕期为57~65天，黄臀长鼻跳鼩为42天。

寿命 赤象鼩2.5~5.5岁，黄臀长鼻跳鼩4岁。

的前爪在土壤里挖掘出圆锥形的小孔洞。它们重要的猎物包括甲虫、蜈蚣、白蚁、蜘蛛，以及蚯蚓。软毛象鼩亚科诸种通常从叶子、小树枝以及土壤的表面上收集小的无脊椎动物（特别是白蚁和蚂蚁），但是也吃植物性食物，特别是小而富含果肉的果类和种子。所有的象鼩都有长长的舌头，可以伸到它们鼻尖以外很远的地方，用于把小的食物轻弹进嘴里。

• "一雄一雌制"与"小路清扫"

尽管各种象鼩看起来不很相同，而且生活在很不相同的栖息地里，但是它们都有相似的繁殖方式。黄臀长鼻跳鼩、四趾岩跳鼩、跳鼩、赤象鼩以及岩象鼩都是一雄一雌地配对生活，但是配偶之间好像并没有太多的互动。

生活在肯尼亚长有茂密树林的大草原中的赤象鼩以一雄一雌配对的方式分布，它们的领地大小从1 600平方米到4 500平方米不等。同样的模式也在栖息于肯尼亚沿海森林的黄臀长鼻跳鼩身上得到了证实，不过它们的领地面积更大，平均为0.017平方千米。

尽管实行"一雄一雌制"，但两性只有极少的时间在一起。雄性和雌性合用同一块领地，却各自防卫这块领地——雌性防卫着其他雌性不让它

↗ 一只跳鼩正在晒太阳，要不是那突出的鼻子，它十足就是一个毛茸茸的球。这个物种的分布局限于非洲南部平原和沙漠的一个区域（面积大约2万平方千米）。

们进来，而雄性则驱逐侵入的其他雄性。这种“一雄一雌制”的系统——以异性之间有限的合作为特征——在几种小体型的羚羊身上也有发现，例如喀氏小羚和岩羚。就像大多数一雄一雌制的动物一样，雄性和雌性之间在体型和外表上都很相似，但是雄性巨象鼩的犬齿比较大。

在领地性的遭遇中，视觉的信号固然重要，但是象鼩也会运用它们的气味腺体来划定领地。这些腺体，在象鼩属的其他几个物种中位于尾巴的底部，对赤象鼩而言则位于脚底板，对褐足象鼩、索马里象鼩而言则位于胸部，而对长鼻跳鼩属的巨象鼩而言则正好位于肛门的后面。声音的交流并不重要，尽管四趾岩跳鼩和象鼩属的几个物种能够通过在地上击打它们的后脚以发出声音，长鼻跳鼩属的物种能够用尾巴拍击落叶层以发出声音。如果被捕捉，几种跳鼩会发出尖利而高声调的叫声，尽管人们将其拿在手中的时候它们都会出奇地温顺，且极少用它们高度发达的牙齿咬人。

象鼩在几个方面类似于小型的有蹄类动物，特别是在逃避捕食者方面。开始它们会依靠伪装来躲避捕食者的侦察，如果伪装失败了，它们会即刻用长腿把追逐它们的蛇和其他掠食动物远远地抛在后面。这对一种站立时肩高只有6厘米，而体重仅有58克的动物来说，绝对是一种绝技。这种绝技是通过使用一个能与大都市路网相媲美的通道系统来完成的。

即便是这样，这种解释仍然回避了这样一个问题：对黄臀长鼻跳鼩而言，它们并不清扫小路，很明显地把配对中的雄性置于“失业”的境地，那么它们实行“一雄一雌制”的目的是什么？对这个问题的回答，隐藏于它们所生活的森林栖息地中。热带气候允许这些特别的象鼩一年到头地持续繁殖，而其食物资源的分布相对均匀而又分散。在这种环境下，对一只雄性而言最高产的策略可能就是始终跟一只雌性待在一起，确保它是幼崽的父亲，而不是在森林的广大范围里游来荡去，试着去弄清楚数只雌性的繁殖状况——这样只会是冒着失去交配机会的危险。对“一雄一雌制”的这种基于食物资源的解释，也能用来解释几种小型羚羊的异性配对生活，例如喀氏小羚和新小羚。

与使用小路的四趾岩跳鼩和赤象鼩形成对比的是，象类的另外几个物种——包括跳鼩、岩象鼩和沙地象鼩，会在沙质底土层上挖掘短而浅的洞穴以藏身。在那些土壤太硬的地方，它们会使用啮齿动物废弃的洞穴。但即便是这些使用洞穴的象鼩也并不合并它们藏身处里的筑巢材料，就像大多数啮齿动物所做的那样。巨象鼩在小

一只方格长鼻跳鼩正在森林地面上寻找昆虫，它看起来有点像小型的食蚁动物。

型哺乳动物中更为典型，因为它们每天晚上都是在森林地面上的一个叶巢里度过。为了不让捕食者在发现和撕开的每一个巢穴里都饱餐一顿，它们建造数个巢穴，每个晚上都睡在一个不同的巢穴里。

热带地区的象鼩一年可以繁殖数次，但在高纬度地区的象鼩繁殖呈现季节性，通常是在湿润季节繁殖。一窝通常产1~2只幼崽，普通象鼩和方格长鼻跳鼩可以一次产3只幼崽。几乎所有的象鼩在出生时已经发育得比较完善，体表纹理和成年个体相似，只有巨象鼩的幼崽不像其他软毛种类的幼崽那么成熟，它们必须在巢穴中待几天后才可以跟随母象鼩一起活动。

巨象鼩很难饲养，从来没有被人工繁育成功的记录。相反有几家动物园已经成功繁育出了赤象鼩和跳鼩，因而进行了大量关于它们生物特性的实验室研究。例如对跳鼩的研究发现，当食物缺乏时它们可以进入短暂的蛰伏状态，体温从38℃降低到9.5℃，这被认为是一种节省能量的适应性改变。对人工圈养的赤象鼩的研究表明，赤象鼩似乎有着非常的嗅觉。它们单从气味标记就能辨认出家庭成员和附近其他同类的身份，因而它们能够大致通过嗅觉和视觉密切监视它们大片领地的使用情况。

非洲的鼹型鼠

在动物王国里，非洲鼹型鼠算不上是好看的动物，但是它们却位居最有趣的动物之列。人们对这些社会性动物的习性及行为的研究结果，已经激起了学术界的兴趣。

非洲鼹型鼠（滨鼠科）长得像老鼠一样，但是像鼹鼠一样生活，能完全适应地下生活。这些滨鼠科动物挖一个很大的半永久性的洞穴系统，完全用于睡觉和储藏食物，而把打洞扒出的泥土堆到地面上形成一个个“鼹鼠丘”。非洲鼹型鼠一年多的时间就可以长到成年者的体型，能够活好几年。事实上，人工饲养的裸鼠（滨鼠科，怕日鼠属中的1种）的寿命甚至能超过25年。

用牙齿挖地下通道

非洲鼹型鼠的身体呈圆柱形，四肢很短，身体很紧凑，很适应洞穴生活。它们的皮肤很松软，能够帮助适应洞穴空间的限制，一只非洲鼹型鼠转身时皮肤甚至能够完全拧过来。它们能够随意地在通道里快速后退，所以在洞穴里能够来回走动。

除滨鼠属外其余种类的非洲鼹型鼠都有像凿子般的门齿，而且突出口腔外，可用来挖洞。为了避免泥土进入口腔，门齿后面的嘴唇上都长满了毛。滨鼠属用前腿上的长爪挖洞，在挖坚硬的土时效率比较低，而且它们的身体体积比较大，这些特点决定了它们只能在比较容易挖的沙土地上挖

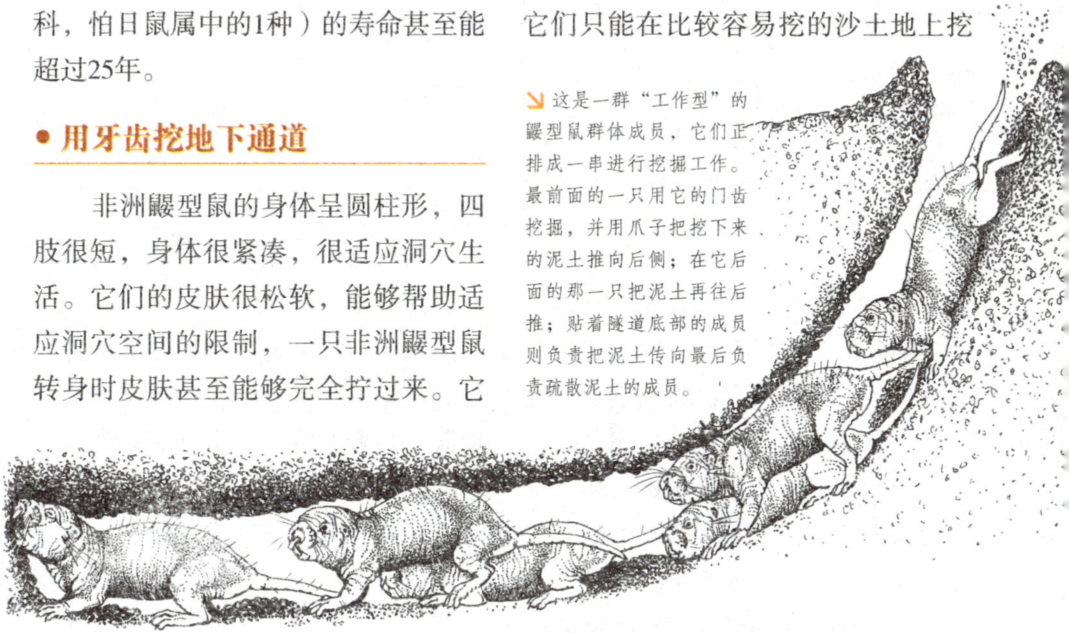

这是一群“工作型”的鼹型鼠群体成员，它们正排成一串进行挖掘工作。最前面的一只用它的门齿挖掘，并用爪子把挖下来的泥土推向后侧；在它后面的那一只把泥土再往后推；贴着隧道底部的成员则负责把泥土传向最后负责疏散泥土的成员。

知识档案

非洲鼹型鼠

目 啮齿目

科 滨鼠科

分5属，至少有15种：滨鼠属，2种，是体型最大的非洲鼹型鼠，栖息于非洲南部沿海的沙地土壤中；隐鼠属，至少有9种，广泛分布于非洲的西部、中部和南部；帕日鼠属，2种，分布于非洲的东部和中部；掘土鼠属，分布于南非共和国的开普省，沿海岸从西南到东部；裸鼠属，分布于埃塞俄比亚、索马里和肯尼亚的干旱地区。

分布 撒哈拉以南非洲。

栖息地 在各种类型的土壤和沙地下栖息。

体型 体长从裸鼠的9~12厘米到滨鼠属的30厘米；体重从前者的30~60克到后者的350~1800克。

皮毛 毛发较粗，稠密且柔软光滑，但是裸鼠几乎全身无毛。

食性 吃根、块茎、地下芽植物、香草和普通草。

繁殖 怀孕期为44~111天（掘土鼠为44~48天，裸鼠为66~74天，大隐鼠为97~111天）。

寿命 野生的未知（人工圈养的裸鼠能活25年，隐鼠属中的几种可以超过8年）。

洞。挖洞方法上的差别反应在牙齿上也不同：用门齿挖洞穴的种类门齿更向外突出，牙根长到臼齿的后面，因为这样会更有力。

当鼹型鼠挖地下通道的时候，会用前爪把土推到身子下边，然后前爪支撑着身体，用后腿把土踢到身体后面。当土堆很大的时候，鼹型鼠会在通道里调转身体，将土推到后面去。大多数种类的鼹型鼠用力把坚硬的土块推出地表面，但是裸鼠会先挖一个小口，一定数量的裸鼠合作起来一起挖洞，一只负责挖，另一些负责在通道里运送土，最后一只会把这些土从洞里踢出来。但最后的这位不幸者特别容易遭到蛇的攻击。除了裸鼠之外，其余的鼹型鼠的后脚边缘都有坚硬的毛，就像它们的尾巴一样，这些都是为了适应挖洞的需要。

由于鼹型鼠大部分时间要生活在完全黑暗的环境中，所以它们的眼睛很小，仅仅能够感知光明和黑暗（有趣的是，掘土鼠偶尔会在地表上穿行，所以它们的眼睛比其他种类的大）。研究表明，眼睛的表面能够感知空气的流动，而空气的流动与否则表明对它们的洞穴通道是否有破坏。当然，如果有破坏，鼹型鼠会迅速修复。在洞穴系统中时，触觉对于寻找道路是非常重要的。

很多属的滨鼠拥有长而敏感的毛发，并分散在身体上（对于身体上没有毛发的裸鼠来说，少量触毛是它们仅有的毛发）。鼹型鼠的嗅觉和对于低频率声音的听觉是很好的。另外，它们的鼻子和耳朵的外形已经进行了改进，使得它们有利于克服沙土环境造成的困难：例如，在挖洞的时候鼻子能够自由关闭，耳朵突出的部分也已经消失。

• 地下的“农民”

非洲鼹型鼠是植食性动物，它们沿着通道来寻找食物，这样能够采集一些植物根、地下芽植物甚至是在地面上生长的植物的地下部分。它们更像是无意中撞见食物，而不是有意寻找食物，因为研究测试无法证明它们能够主动地找到食物，即使是距其觅食的洞穴仅有0.5米远的食物。体型比较大的滨鼠属不怎么挑食，吃草、地下芽植物，但是普通隐鼠和裸鼠则主要靠地下芽植物和根生活。

↗ 一只年轻的裸鼠正在一个地下洞穴中觅食。裸鼠的前脚和后脚上都有5个趾，可以用来挖掘，也能抓住食物来吃。尽管裸鼠粗看起来浑身赤裸无毛，但实际上它们的身体和脚上分布有零星的毛发，可以帮助把泥土扫到身下和身后。

觅食的洞穴可能很大：隐鼠的洞穴系统约有1千米长，可以容纳10只成年普通隐鼠和3只幼鼠；裸鼠的洞可延伸3千米长。洞的长度取决于这个洞穴里鼹型鼠的数量和年龄以及食物的数量与分布。

除了提供巢室、食物储存室和排泄地之外，洞穴系统的其余部分都是为寻找食物而挖的。当土壤很湿润而且松软时，洞穴的扩展是十分容易的事情。雨后会有一次突发的挖洞高潮，在雨季后的第一个月，成群的裸鼠和达马拉兰隐鼠能挖1千米长的洞，挖出来的土有2吨多重，堆起来像座小山。若这两种鼹型鼠生活在干旱而且贫瘠的地域，在下一个雨季之前，可能会有几个月的时间不能挖洞，所以在短暂的适于挖洞期间，找到足够的食物对它们来说是十分重要的。它们吃掉或储存小型的食物，而将大型的食物留下让其在合适的地方继续生长，然后让其慢慢地空掉；在过一段时间后，它们将这些中空的植物“种”在土里，让它们重新发芽，这样就会一直有新鲜的和持续供给的食物可吃。这些地下芽植物的“种植”方式使得成群的鼹型鼠们能够在一个地方生活许多年，因此它们就像“农民”一样靠“种植”为生。

在一些地方，当有裸鼠生活时，可吃的植物块茎约有50千克重。当裸鼠进食时，会用其前爪抓起一些小的食物，并把上面的泥土抖掉，然后用门齿把食物咬成碎片，用臼齿嚼碎吃掉。在南非西南部的开普省，根据不同的食性、洞穴直径和深度、社会组织形式，可将那些鼹型鼠分为3个属：滨鼠属、掘土鼠属、隐鼠属。在同一个区域它们占据不同的小型生境，有的时候甚至占据同一片田地。这种在生活空间上的共存对于穴居哺乳动物而言是不常有的，通常情况是一种穴居动物独居一片区域。

• 地下生活

3个属（滨鼠属、掘土鼠属和怕日鼠属）的社会行为具有地下哺乳动物的一般特征：独自生活，极强烈地防御同类对它们洞穴的侵略。它们的后脚能够摆弄出嗡嗡的声响，以此向居住在附近的同类发出信号。繁殖期刚开始时，掘土鼠属的雄性和雌性会以不同的节拍发出嗡嗡的声音吸引配偶；交配很短暂，然后雄性离开，雌性独自养育幼崽。当幼崽约2个月大时，它们彼此开始打斗，这是它们要分开生活的前奏。如果强制它们一起生活，最终同胎的“兄弟姐妹”将会自相残杀。在掘土鼠属里，分开的幼鼠通常到远离亲代洞穴的地方去打洞，而且将自己的洞与周围洞穴隔离开。也许这种现象也发生在其他独居生活的属中，这能够确保幼鼠不受掠食者的攻击，而这段时期是它们整个生命中最易受到攻击的时期。

在过群居生活的滨鼠属动物中，每个群体内只有1只雌性拥有繁殖下一代的权利。在所有关于隐鼠属的研究中，发现它们的群体中有严格的措施防止近亲繁殖，每个群体中有生育权利的一对雌雄隐鼠来自于不同的出生群体，而群体中的其他成员则是这对雌雄隐鼠的后代。过群居生活的滨鼠与过独居生活的滨鼠不同，它们的后代成年后并不会马上离开出生的群体，而是帮助父母寻找食物、照料“弟弟妹妹”，直到有最好的机会才会离开父母——而且事实上有很多的后代终生都没有离开，也没有生育自己的后代。

普通隐鼠的群体成员很少超过14个，而达马拉兰隐鼠群体的成员可能超过41个（尽管更为普遍的是14~25个）。裸鼠的群体中有可能超过300个成员（平均大约80个），但是在这样的超大群体中很难有严格措施防止近亲繁殖。裸鼠群体中拥有繁殖后代权利的那只雌性是群体的主宰者，它通过诸如猛力推挤等行为而控制群体。它还拥有比起其他成员来说特别长的身体（它的脊椎在它最初的几次怀孕期间会加长），这种情况更有利于它以后每胎都能生育更多的幼崽，这在裸鼠中是非常普遍的。它可能会与多达3只的雄性交配，于是会出现不同父系的幼崽并存的情况。除了分开单过者外，裸鼠是非常恐惧外来者的，它们会极力地杀死外来者。群体成员之间通过气味能互相辨识出来，它们可能会在公共排泄区向身上涂一种特殊的气味。

由于滨鼠科动物生活在受到较好保护和相对安全的环境下，比生活在地面上的啮齿动物较少暴露在掠食者面前，因此这可以解释为什么它们每胎所产幼崽数比较少——通常只有2~5只。不过有两个例外：掘土鼠每胎最高能产10只幼崽，裸鼠每胎最高可产28只。幼崽出生时大约重1克，而其母亲平均体重有65~80克。

蛇类有时会到单独生活的滨鼠科动物的地下洞穴中捕食它们，但是大多数情况下是在其洞口伺机捕食。野外调查的证据显示，滨鼠蛇能够循着滨鼠新翻动的泥土的气味而进入它们的洞穴系统；东部有喙蛇也会这么做，人们曾经看见这种蛇在裸鼠挖洞并向外踢出泥土的洞穴口捕捉它们。其他掠食者也会捕捉滨鼠科动物。它们的头骨常常出现在多种猛禽的粪便中，可见鸟类也把它们当做猎物；还有一些食肉动物，如胡狼、狞猫、非洲艾鼬等也捕捉滨鼠。

滨鼠科动物为了保护自己不被多种掠食者吃掉，它们生活在地下，而且地下洞穴为它们提供了统一的潮湿的小气候。这个条件再加上它们的食物中含有丰富的水分，使得它们几乎不需要专门饮水。

在一天当中，地下洞穴的温度能保持相对稳定，与气温变化剧烈的地面环境相比要优越很多。例如有记录显示，裸鼠洞穴所在之处的地面温度超过60℃时，距离地面20厘米的洞穴内的温度却稳定在28℃~30℃之间。作为对这种情况的应对，裸鼠几乎失去了调节自身体温的能力，它们的体温常常保持接近洞穴内的温度。但是如果需要改变体温，例如当太冷时，它们会挤成一团在洞口表面上晒太阳取暖；如果太热，比如在接近地面之处挖掘后，它们会转移到较为凉爽的洞穴内降温。

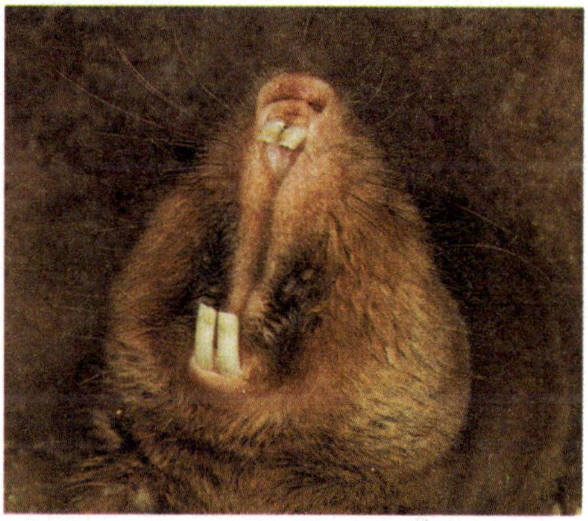

↗ 大隐鼠强有力的门齿是用来挖洞的。显然，堵住土壤不进入嘴中是很重要的，它的头部特征就是适应这种需要“设计”的：嘴唇在门齿的后面能够关闭，鼻孔也能够合拢起来，耳朵和眼睛都很小。